城市网络分析

城市中步行
和骑行交通模拟工具

（美）安德烈斯·塞文随克（Andres Sevtsuk） 著
陈永辉 译
City Form Lab

序言

安托万·皮肯（Antoine Picon）
哈佛大学设计学院建筑和技术史 G. Ware Travelstead 教授

软件手册曾被视为陈旧的东西，这是因为相比于翻阅软件手册这样的技术性文档，人们更倾向于直接动手操作软件。然而，这本《城市网络分析 城市中步行和骑行交通模拟工具》体现了我们近期对于数字设计工具（特别是基于城市尺度的数字设计工具）的阐释方式发生的转变。这本书不仅对城市网络分析的步骤进行技术分解和介绍，同时也让读者思考空间网络分析真正意味着什么。

对于努力在以机动车为主导的城市交通中提高流动性的城市规划师和设计师而言，这样一种阐释数字设计工具的新方式出现得非常及时。为了实现更加适宜步行和骑行的可持续的城市交通，我们首先需要更好地理解现有的步行和骑行交通模式，同时还应当能够预测当建成环境发生变化（如引入新的公共交通线路，改变土地混合利用模式，或调整城市空间肌理）时，这些交通模式可能会如何变化。通过同时呈现城市形态、土地利用模式和交通流，城市网络分析工具成为了某一类城市建模工具崛起的重要组成部分。这类城市建模工具能够把人们对于城市物质空间布局的研究和对于城市运行方式的理解整合起来。

然而，模型并不能真正体现城市的现实情况。模型提供的是解读建成环境的方法，更重要的是模型能帮助我们进行决策，并有效地介入建成环境。模型和现实的这一关键区别常常被人们所忽视，因为许多模型模拟所得的数字图像呈现出吸引人的现实特征。不同于地图，模型还是当代城市规划和设计决策的一个重要方面。其潜力是不可低估的。通过案例研究，本书提供了富有启发性的具体例子，如在印度尼西亚、新加坡和美国这三个国家的文脉互不相同的城市中，展现了城市建模如何帮助我们作出规划设计决策。

全书有一个隐含的假设，即城市是场所与场所之间一系列关联的总和，换句话说，城市是一系列网络的总和。尽管在城市规划领域这一假设已经得到认可，但在城市设计领域依然需要实用的方法，使我们能够将现状的或未来的城市建成环境与人们在环境中移动的实际方式联系起来。城市网络分析工具提供了一个强大的媒介，让我们能够超越传统的城市构成技术，也让我们远离对几何规律的追求，转而去加深理解城市的不同要素是如何相互影响的，以及在这种相互影响中所产生的交通流和人与人之间邂逅的种种模式。城市网络分析工具让新的城市设计方法成为可能，这种新的城市设计方法超越了典型的现代主义对构成和规律的迷恋。如同智慧城市的兴起（本书在这一过程中作出了贡献），当代的城市建模不应被视为一种限制设计选择的工具，恰恰相反，它应该被视为某种指导设计和提高设计灵活性的途径。

这样的自由要通过数字处理来实现。定量的内容对城市网络分析而言当然至关重要。但是这并不意味设计的定性内容不再重要。从对可持续建造的探索到对城市设计未来的思考，定性方法（在以项目为基础的学科中占主导地位）和定量方法的协调实际上是相关研究人员的主要挑战。这本书巧妙地整合了几个案例，对这些案例的分析富含对文化的考量和对技术分析的系统探讨。这本书对上述提到的定性方法和定量方法的整合作出了重要的贡献。

目录

1. 引言 9

2. 案例分析 15

2.1 预测通往印度尼西亚泗水轻轨站点的步行路线 17
2.1.1 大运量快速交通项目 17
2.1.2 围绕轨道电车的步行网络分析 20
2.1.3 讨论 27

2.2 新加坡榜鹅的零售中心规划 33
2.2.1 榜鹅：一个公交导向的居住城镇 33
2.2.2 哈夫模型及其改进 34
2.2.3 客流量分析 34
2.2.4 考虑榜鹅的公共交通导向的特点 36
2.2.5 模拟新的商店 38
2.2.6 其他应用 43

2.3 可达性对于马萨诸塞州剑桥市和萨默维尔市的零售和餐饮设施区位模式的影响 45
2.3.1 研究范围 45
2.3.2 自变量：可达性测度 48
2.3.3 结果 53
2.3.4 应用 55

3. 下载和安装 57

3.1 下载 59

3.2 安装 61

4. 用户交互界面 63

4.1 操作属性 65

4.1.1 添加文本型属性 65

4.1.2 添加数值型属性 66
4.1.3 添加标签型属性 66
4.1.4 移除对象的属性 66
4.1.5 保存结果并将其作为权重 67
4.1.6 显示属性树 68

4.2 导入和导出功能 71
4.2.1 导入点 71
4.2.2 导入表格 73
4.2.3 导出 74

4.3 网络的生成和编辑 77
4.3.1 从网络上添加/移除曲线 77
4.3.2 添加/移除起点 78
4.3.3 添加/移除终点 79
4.3.4 添加/移除观测点 80
4.3.5 删除网络 80

4.4 分析工具 83
4.4.1 可达性指标 83
4.4.2 服务范围 92
4.4.3 冗余指标 94
4.4.4 冗余路径 97
4.4.5 中间性/客流中间性 99
4.4.6 最近设施 105
4.4.7 寻找客流量 107
4.4.8 分配权重 112
4.4.9 集群 115

4.5 显示设置 119
4.5.1 显示选项 119
4.5.2 导出权重颜色 121

5. 常见问题 123
安装 124
构建网络 126
运行城市网络分析 128

参考文献 133

位于印度尼西亚泗水城中村
Lawas Maspati 的巷道

1. 引言

建成环境的设计（即对于建筑、街区、街道、公共空间以及它们所包含的社会经济功能的空间安排）会对城市交通格局及人们的交通模式选择产生各种各样的影响。在城市蔓延式的发展中，目的地之间的距离过远、连接它们的道路过于宽阔及通行速度快，这都刺激了机动化出行。密度高且被混合利用的环境拥有多样化的目的地，这些目的地由高品质的步行道路网连接，这样的环境会刺激步行和骑行，可促进人与人之间面对面交流。城市的形态和土地利用模式影响了人们是否选择步行、选择步行的频率以及沿着什么路线步行。

大量的规划文献阐述了适宜步行和骑行的城市环境应该具备的几种特性。可步行性（walkability）一般与以下几方面相关：①在步行距离内，拥有多样的目的地（例如零售店、服务设施、工作地点以及公共交通站点等）；②路线要安全，避免对行人造成身体和心理上的威胁（例如不要让步行路线和繁忙的交通路线毗邻；不要让步行路线跨越宽阔的道路交叉口；不要省略隔离人流和危险区域的隔离带等）；③路线的物理环境要舒适（例如设置无阶梯通道、均质的地面铺装、宽敞的步行道以及遮阳和遮雨设施等）；④路线要有趣，应沿着繁华的商业设施、有趣的建筑、绿色的空间或者引人入胜的景色进行布置（Pushkarev 和 Zupan，1975；Gehl，1987；Speck，2013）。已有大量文献探讨如何提高建成环境的品质以适合人们步行和骑行，然而在衡量、分析和模拟活跃的人流活动方面，还缺少具有实践性的方法。在研究步行人流的活动时，许多交通方面的文献依赖于用较为粗略的指标来估算一个地方的可步行性，如道路交叉口密度、街区大小、人口或工作人口密度以及人口普查区的土地利用混合程度经常被用作指标来对可步行性进行估测（Boaernet 等，2011；Cervero 和 Duncan，2003；Ewing 和 Cervero，2010；Hess 等，1999；Targa 和 Clifton，2005）。尽管密度指标和地区的概括性统计数据可以有效地在地区整体层面描述可步行性，但它们无法获知建成环境在个体尺度上对人流活动的影响。然而，一系列有关步行的决策正是人们在个体尺度上作出的。

城市网络分析（UNA）工具软件能让设计师、规划师和交通方面的学者在个体出行精度上衡量可达性，并预测城市网络上的非机动交通流。这个软件可以帮助他们量化分析以下几个方面的内容：环境设计是如何影响空间和便利设施的可达性的；环境设计是如何促进人行道上的人流步行的；环境设计是如何影响城市中便利设施和公共空间的活力和客流量的。这些分析不仅能让我们获知城市形态和土地利用对活跃的人流活动的影响，还能让我们知道应该如何进行建成环境的规划和设计来实现更加可达的、更加适宜步行的、更加适于骑行的以及以公共交通为导向的城市。

几十年来，预测出行量、路线选择和基础设施利用率的量化方法在机动车交通模拟领域已经司空见惯。城市建造者利用这些分析来指导交通政策、土地利用政策的制定以及开发权分配和基础设施投资决策等。本书所介绍的城市网络分析工具旨在让量化方法同样可用于分析步行和骑行的人流活动。通过开发这套可实际操作且易于使用的软件工具来模拟步行或自行车出行，我们希望能使城市交通政策得到平衡，让它从由来已久的对汽车导向和重资本系统的偏好，转向给予依靠步行、自行车和其他个人移动设备（PMDs）的城市交通更多的优先权、针对性和量化上的严谨性。这是一个早应该完成的事情。

顾名思义，城市网络分析工具的首要特征是所有的空间关系都是基于交通网络进行分析的。无论是对一栋建筑里的房间，还是对一个地区内的街道，抑或是对街道沿线的建筑，城市网络分析工具都能潜在地分析出其中沿着动线、廊道、街道或基础设施纽带分布的空间关系。在建成环境中，两个元素可能在直线距离上非常近，但在网络距离上它们并不一定相近，比如分布在一条没有桥的河流两岸的建筑。同样的，拓扑关联（如在欧几里得几何中的包含空间或被包含空间）在网络几何中并不意味着可达。例如某一封闭社区只允许有限的社会成员进入，那么该社区实际上是一种不可达的空间。城市网络分析工具能分析基于交通网络的空间关系，且其描述建成环境的方式较为接近真实情境中人们感知环境的方式。

开发基于犀牛软件平台的城市网络分析工具的特定目的在于：让步行模拟工具能为从事建成环境现状调查和积极创造新事物的建筑师、设计师和规划师所用。大多数已有的空间分析方法主要用于对城市发展现状的回溯式研究，但如果试图让空间分析对规划和设计实践产生有意义的影响，那么针对问题的解决方案也是至关重要的。只有当空间分析作为一种标准化的步骤被应用到综合的、开放的和面向未来的设计情境中时，其对于设计和规划的影响才能得以实现。城市网络分析工具的开发基于设计师圈中日益流行和易于获取的犀牛软件平台。我们致力把衡量和分析整合到一个快速迭代的反馈环中，并在这样的无缝衔接的反馈环中，让空间形态能够被设计、评价和再设计，达到快速改进结果的目的。我们希望城市网络分析工具的用户能够利用好这一功能，使其不仅能够研究现状，还能对建成环境献计献策。

城市网络分析工具所作的所有分析要求用户提供 3 个关键的数据输入——人流运动分析所基于的一个 *Network*（交通网络）、出行 *Origin*（起点）和出行 *Destination*（终点）。出行 *Origin*（起点）和出行 *Destination*（终点）可以选择性地附带数值属性，用作分析时的权重。例如，当数值属性表明每栋建筑中的居民数量时，数值属性可以用作权重来估算可达性、人流或客流。建立一个网络以及给起点和终点赋上合理的权重，通常是任何城市网络分析应用的第一步。

建立网络所需要的数据可以从现有的数据源下载并导入犀牛软件中，如开放的 GIS 数据库、CAD 底图以及 Open Streetmap 文件；或者用户也可以在犀牛软件中自行手动描绘。网络可以由犀牛软件中的任何曲线要素（例如直线、多段线、弧线和样条曲线）构成，然后形成二维或三维的栅格网络。在准备网络数据的时候，需遵循本书中 4.3 节里谈到的拓扑规则。城市网络分析工具包括 *Importing*（导入）和 *Exporting*（导出）附带属性信息的 *Origin*（起点）和 *Destination*（终点）的点状数据，导出时可以表格形式输出，以便在 Excel、GIS 和其他软件中进行加工处理。

当一个带有 *Origin*（起点）和 *Destination*（终点）的网络建立好后，用户可以使用一系列工具对建成环境中的步行和骑行的人流活动进行描述和分析。城市网络分析工具可以用来分析网络上的一组 *Destination*（终点）对于一组 *Origin*（起点）的可达性。这一分析对于理解前往服务设施的非机动化出行需求是很关键的。当前往特定 *Destination*（终点）的出行总量确定以后，用户可以评价哪条街段或步行路径可能成为这些出行的途经之路；或依据给定的需求点和竞争设施的分布，估算出有多少人会光顾这些路线上特定的服务设施或便利设施。集群分析工具可以探测出网络上互相靠近的终点所构成的组团，从而标记出哪些服务设施可能会产生集聚效应，以吸引更多的访客。这些分析可以揭示出：城市中哪些地点较为适合（或不适合）某些特定的土地利用类型和人群活动；公共空间或基础设施投资可能惠及多少使用者以及什么样的使用者；改变城市某一地点的空间形态和土地使用类型，会如何影响该地点周边的步行活动和服务设施客流。

城市网络分析工具的开发始于 2010 年城市形态实验室（City Form Lab）在麻省理工学院（MIT）时的部分研究，此后在新加坡科技设计大学（SUTD）继续开展研究，最近的开发则在哈佛大学设计学院（GSD）进行。这一工具也在 GSD 的 3 门课程中进行教学和实验，这 3 门课程分别是：建成环境空间分析（*VIS-2129 Spatial Analysis of the Built Environment*）、高级空间分析（*SCI-6354 Advanced Spatial Analysis*）及城市形态高级研讨课（*DES-3353 Advanced Seminar in City Form*）。这一工具的开发是一项还在进行中的工作，并且会间歇地升级一些新的功能。

这本书的组织构架如下。第一部分对 3 个案例进行了分析，展示了城市网络分析工具如何在实践中指导真实世界中的城市设计和交通规划决策。第二部分包含了技术性的用户指南：首先涵盖了安装要求，接着详细地讨论了城市网络工具中的每一个功能和操作。在常见问题部分，本书提供了相关问题的解决技巧。如果读者想观看城市网络分析工具的简短介绍视频以及一些屏幕录制的教程，可自行搜索如下网址：

http://cityform.gsd.harvard.edu/projects/una-rhino-toolbox;

http://cityform.mit.edu/projects/una-rhino-toolbox.

字体规则

本书所使用的几种英文字体是分别用来强调城市网络分析工具中的“分析功能”“变量”以及犀牛软件中的“命令选项”。所用的字体规则如下：*Italics* 字体用来强调城市网络分析工具的某一分析功能的名称（如 *Betweenness* 中间性）、分析输入对象（如 *Origin* 起点）及公式中的变量（如 *beta* 值）。Machine 字体用来强调用户所使用的犀牛软件中的命令选项（例如：Search = *2D*）。

2. 案例分析

位于印度尼西亚泗水的城中村

2.1 预测通往印度尼西亚泗水轻轨站点的步行路线

哈佛大学设计学院城市形态实验室曾获得一次与世界银行和澳大利亚城市设计公司 Hansen Partnership 联手合作的机会。从 2013 年到 2014 年的这次合作，旨在为印度尼西亚泗水市中心制定一个以公共交通为导向的战略规划。在这项工作中，城市网络分析工具被用于预测在未来人们在所建议设置的电车站点周边的步行活动；并针对电车站点周边，明智地建议哪条通行街道应该优先进行基础设施的升级、城市设计和景观提升，从而保证未来的轻轨乘坐人数能够最大化，特别是妇女和儿童（他们被认为是未来公共交通工具最重要的使用者）的乘坐人数最大化。以下案例分析描述了如何运用城市网络分析工具解决泗水的公共交通导向（TOD）规划所面临的挑战（City Form Lab 和 Hansen，2015）。

2.1.1 大运量快速交通项目

泗水是印度尼西亚的第二大城市，仅次于雅加达。它现有约 310 万市区人口。面对快速增长的人口、快速发展的经济和日益恶化的交通现状，泗水市制订了一份雄心勃勃的轻轨系统实施计划。泗水的综合大运量快速交通系统（SMART）包含两个关键要素：一是从北到南的街道表面的电车轨道（Suro Tram），二是自东向西的架空的单轨铁路（Baya Rail）。一份前期的可行性研究确定了从北到南的电车轻轨廊道是首要项目，而自东向西的单轨铁路则为次要项目，可留待未来实施。规划建议的电车轻轨廊道（图 1）沿着市中心南北走向的历史轴线（在南端从 Wonokromo 区和 Kalimas 河的交叉口开始，在北端港口附近结束）布局。沿着这条廊道，有轨电车穿过历史街区、市集、商业区、传统城中村以及中央商务区。

图 1 沿电车轨道线路的 800 米宽的缓冲带

图例

○ 轨道电车站点
▬ 轨道电车线路
— 街道
■ 水域

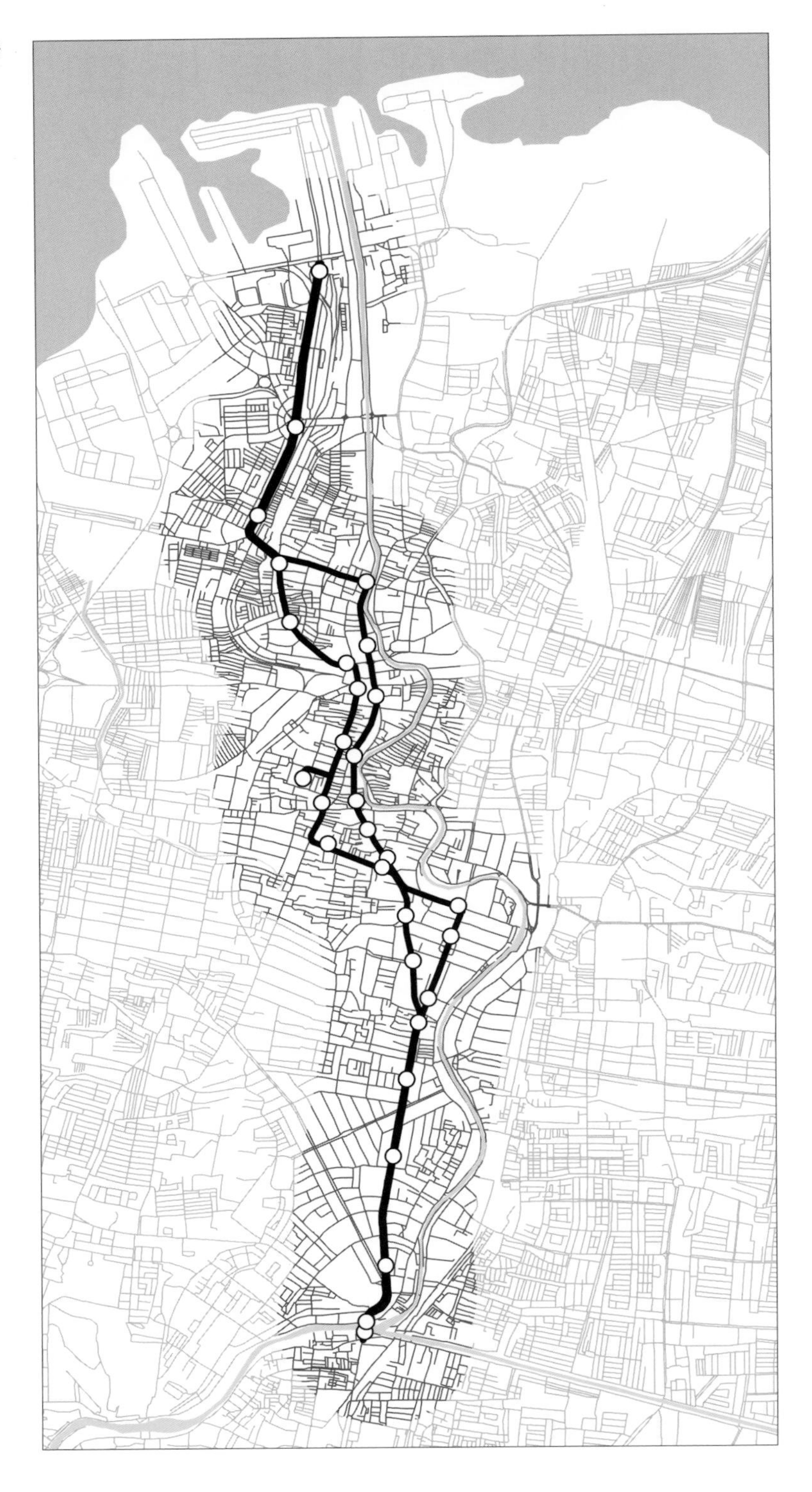

在 2013 年，泗水市中大多数的出行基于普通摩托车和轻便摩托车，这两种出行方式自 20 世纪 90 年代开始就在东南亚盛行。小汽车出行率大约占 7%，私营的票制迷你巴士出行率大约占 5%，非机动交通出行率占 34%（包括步行、自行车出行和人力黄包车出行）。轻轨的修建计划为这个城市带来了一个难得的机遇——在私家车开始主导之前，保持和提升非机动交通工具和轻型机动交通工具的出行比例。

轻轨系统以及围绕它的相关公共交通导向的发展倡议将在抓住这一机遇中持续发挥重要作用。从根本上说，轨道电车是步行导向的交通系统——大多数轨道电车乘客会步行到电车站点，然后乘坐电车去往他们的目的地。通过提供良好的基础设施并进行深思熟虑的城市设计，距离较远的轨道电车同样也有可能吸引乘客。因为乘客可以通过步行和骑行的方式前往距离相当远的轨道电车站点。

然而，项目团队发现轨道电车的早期乘客不太可能来自车辆（包括普通摩托车、轻便摩托车和小汽车）使用者。我们原以为这些这些车辆使用者会先把车开到轨道电车站点，然后把车停在站点周边，接着乘坐轨道电车前往他们的终点站，下了电车后再步行到他们最终的目的地。他们回程也会遵循同样的过程。但事实却并非如此。其中有两个主要原因。首先，在泗水市，轻便摩托车能够以低于轨道电车的价格将乘客点对点地送至其目的地，而这是新提议的轻轨系统所无法匹敌的。其次，在印度尼西亚，小汽车还是身份地位的象征。

因此项目团队决定：为了提高轨道电车的乘坐人数，应该把步行者和骑行者视为目标群体。具体来说，我们应该采取措施把轨道电车的站点与其周边通过步行或骑行可以抵达的 *Origin*（起点）和 *Destination*（终点）整合起来。团队还认为轻轨系统最有可能的乘客将是中等或中低收入的市民，他们中的许多人居住在所提议的轨道线路周边的印尼传统城中村里。中低收入的妇女被认为是特别有可能的乘客，因为她们缺少私人交通工具。

吸引步行者和骑行者通过步行或骑行的方式到达轨道电车站点，就需要一个舒适且方便的交通网络。这个网络由通往站点的步行路线和安全的骑行路线所构成。对于步行者而言，泗水许多街道的条件很差，人行道是不连续的，且在道路交叉口缺少坡道，夜间照明不足，有的路面没有铺平或坑坑洼洼且存在障碍物。在下雨的时候，由于排水设施的拥堵和不连续的排水系统，许多市中心的街道通常会被水淹没。

在过去的 20 年，泗水的城市基础设施投资主要优先考虑机动车交通，体现为更宽的机动车道、更大的车流、防止行人乱穿马路的步行障碍以及与车行交通隔绝的人行天桥。这些干预措施不经意地阻碍了街道上步行者的活动，并限制了发展以步行为导向的土地利用模式，如市中心的沿街商铺、餐馆和服务设施的设置。这就需要重点强调规划、投资和管理，让街道变得更适宜步行。由于在整个市中心进行这些投入实际是担负不起的，因此有必要识别出最能直接影响轨道电车乘客量以及投资应优先流向的重点街道。以下所展示的分析将说明这样的街道是如何被识别出来的，从而为后续的城市设计提升建议进行铺垫。

2.1.2 围绕轨道电车的步行网络分析

对所提议的轨道电车线路周围 800 米宽的缓冲区（10~15 分钟步行路程），本小节将进行以下 3 方面的分析：对人口密度的分析；对轨道电车每个站点的集客范围的分析；对重要步行支路的识别。

2.1.2.1 人口密度分析

在轨道电车线路周边的人口普查区块（在印度尼西亚被称为 RTs）内，收集人口估测值，将其转化为人口密度估计值，然后将这个人口密度估计值可视化（图 2）。数据显示，大约 26.3 万居民住在提议的轨道电车站点周边 800 米步行半径内。

确定这一结果的是城市网络分析工具里的 *Service Area*（服务范围）工具。假设有一组 *Origin*（起点）以各自为中心，在给定的出行半径内能够抵达一些 *Destination*（终点），而这个 *Service Area*（服务范围）工具可以把所有这些 *Destination*（终点）都选择出来。在这一案例中，*Origin*（起点）指的是轨道电车站点；*Destination*（终点）指的是各人口普查区块的几何中心点，且这些 *Destination*（终点）以所在人口普查区块内的人口数量作为点的权重值。800 米的 Search Radius（搜索半径）确保了只有当人口普查区块的几何中心点落入至少一个站点的 800 米步行半径内时，该中心点所代表的人口普查区块才能够被考虑进来。由于城市网络分析工具是基于街道网络进行运作的，因此指定的 800 米步行范围是沿着街道网络进行分析的，而不是简单的点对点直线距离。选中所有站点周边 800 米步行范围内的所有人口普查区块后，用 *Export Data*（导出数据）这一工具，把这些区

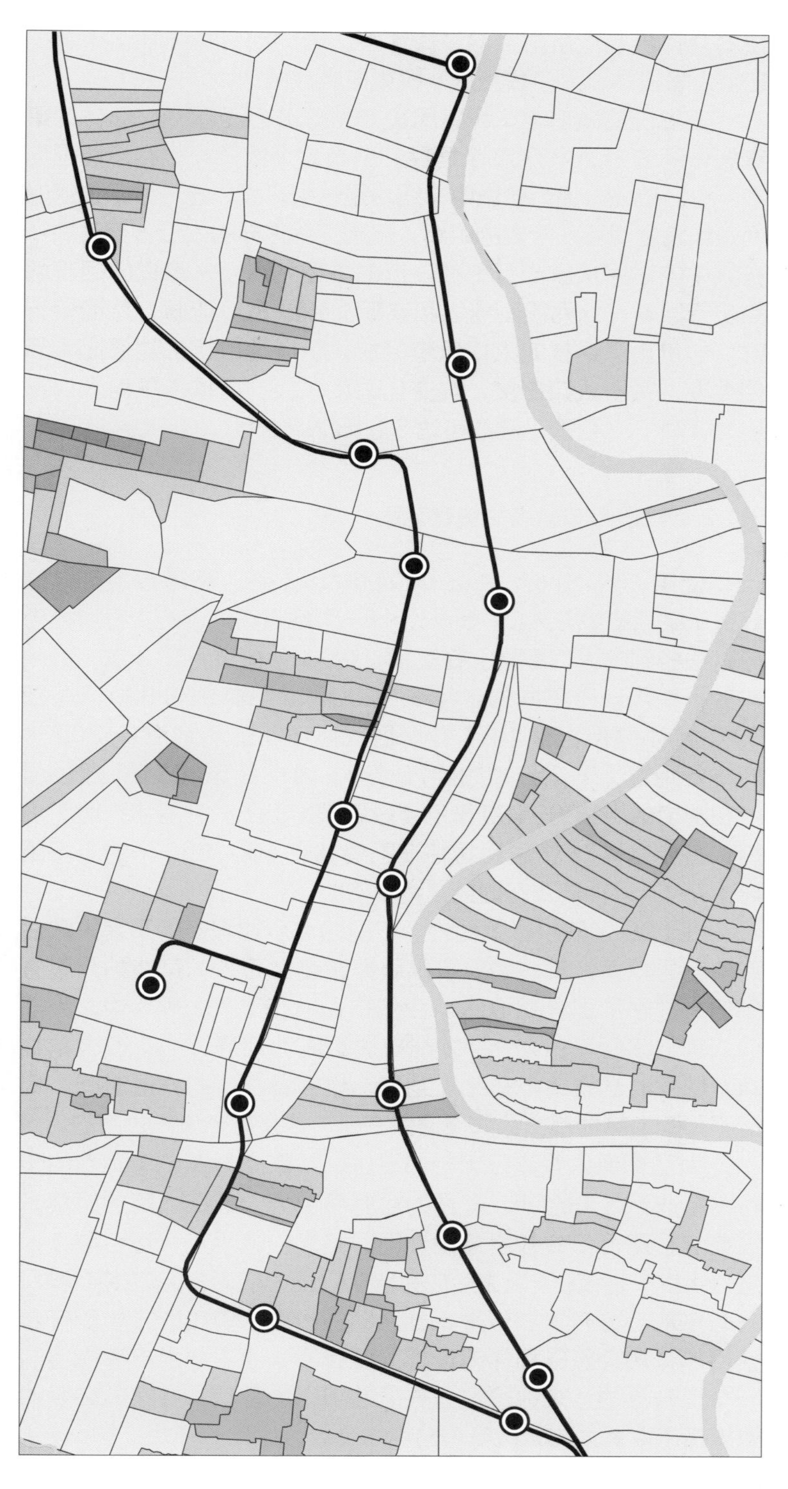

图 2 轨道电车线路周边人口普查区（RTs）的人口密度

图例

◉ 轨道电车站点

— 轨道电车线路

5 615

1 052

0

人口密度（人/每公顷）

块的几何中心点所附带的“属性表”导出到 Excel 表格中。在 Excel 表格中，人口数量这一权重值会被统计。

在提议的轨道电车线路周边 800 米步行范围内，总体的集客量估测值为 263 000 个居民。但是这个数值会比实际情况稍多一些。首先，因为轨道电车线路是一个环线，这导致了往返的两条线路之间存在一定的距离。于是存在这样的人口普查区块：在其中的居民从家步行前往最近的去程站点，从最近的回程站点步行回家，这两段距离之和实际上会比 800 米长。然而分析时，却包括了这样的人口普查区块，所以导致了估测值比实际的要多。关于人口密度，其变化幅度较大，区域内平均人口密度为 471 人 / 公顷，最高可达 5 615 人 / 公顷。

2.1.2.2 轨道电车站点的集客范围

使用 *Reach* 分析，*Accessibility Indices*（可达性指数）可以估算每个站点的服务人口，即统计每一个站点在给定的步行半径内可以服务到的人口数量。在这里，*Reach* 分析进行了 3 次，每一次分析使用一个不同的半径——200 米、400 米和 800 米（图 3）。结果显示，有 14 733 个居民居住在围绕站点 0~200 米的步行距离（0~3 分钟的步行时间）内；有 53 931 个居民居住在围绕站点 200~400 米的步行距离（3~7 分钟的步行时间）内；有 194 471 个居民居住在围绕站点 400~800 米的步行距离（7~14 分钟的步行时间）内。

在 800 米的步行范围内，不同站点所能服务的乘客人数估测值差异较大，某些站点可以服务超过 2 万人，某些站点服务到的人数则不到 3 000 人。我们得知，在潜在的乘客中，大部分人需要步行 7~14 分钟才能抵达距离他们最近的轨道电车站点，回程时从轨道电车站点到家，也需要步行同样的时间。相比于国际上其他都市公共交通的实例，这是相当大的步行量。

为了确保这些步行出行的发生，从家到轨道电车站点的步行路径应该是安全的、舒适的且有吸引力的。在大雨的时候，这些步行路径不会被水淹没，同时路面应该平整，适合散步，适合手推车通过；天黑之后应有照明以便人们通行；有绿植景观，并有意地沿路布置能带来人群活动的设施，例如能方便步行者使用的零售、服务和休闲设施。项目团队建议泗水市考虑编制一个提升计划，来评价这些关键性街道的现状，并实施必要的改进措施以最大化轨道电车站点的步行可达性。

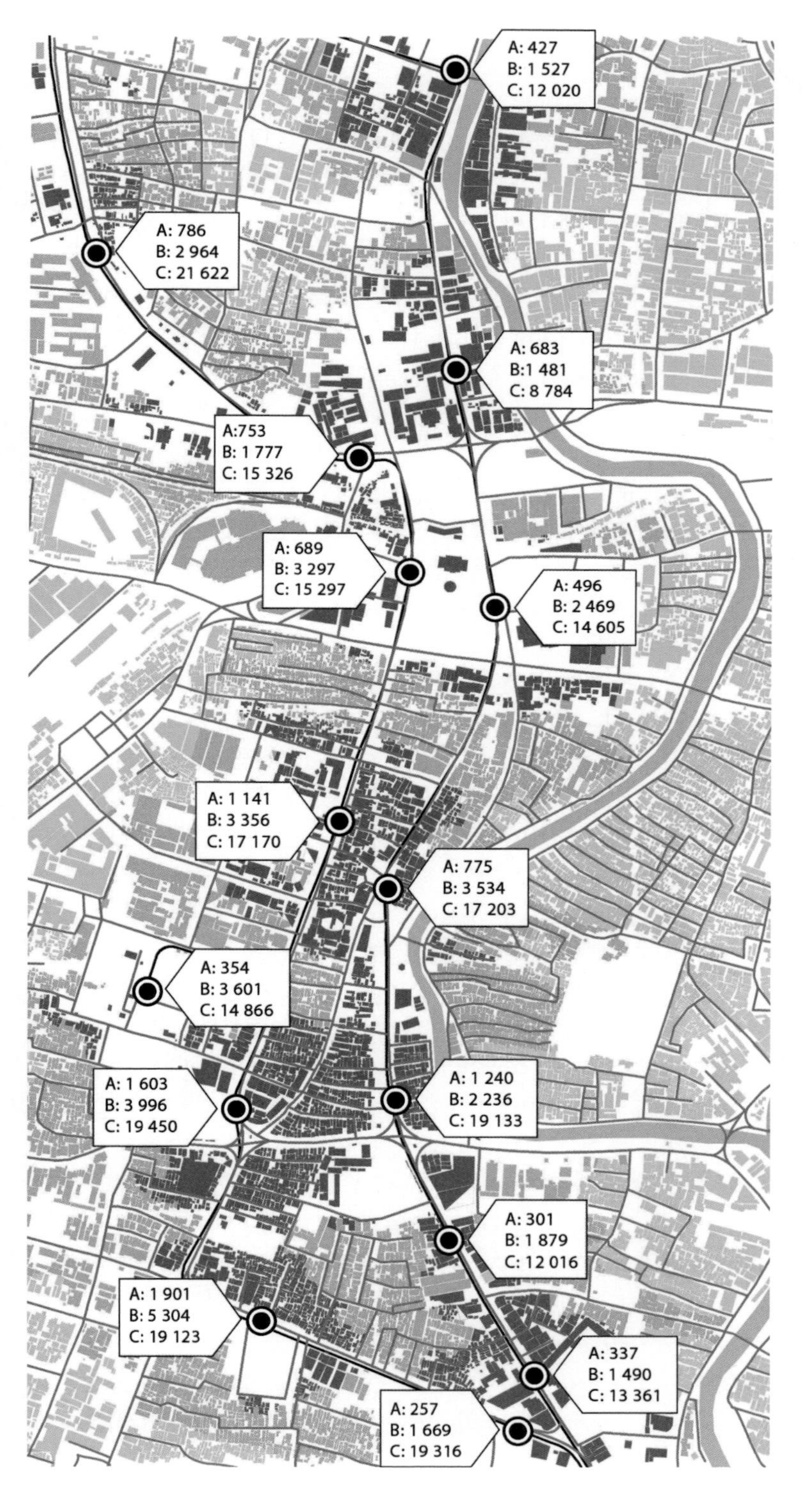

图 3 轨道电车站点的集客范围，使用 *Reach* 分析和 *Service Area*（服务范围）分析

图例

◉ 轨道电车站点
— 轨道电车线路

集客范围

0~200 米（A）
200~400 米（B）
400~800 米（C）

2.1.2.3 支路识别

在 800 米步行半径以内，连接轻轨站点和人口普查街区的街道网络总长度为 269 千米（约为 167 英里）。城市网络分析工具箱中的 *Service Area*（服务范围）工具可用来选择 *Origin*（起点）周边的一定半径内的 *Destination*（终点）或街段。选中的街段的累计长度即为269千米。全部升级这些街道将是一项浩大的工程。为了评估哪些街道对前往轨道电车站点的行人最关键，也为了优先安排将要进行的升级工作，下面进行具体的支路分析。

我们估测了从每个人口普查区块出发到距其最近的轨道电车站点的步行路线，并把每个人口普查区块的人口分散到相应的通往站点的步行路线上。站点周边 800 米步行距离内共有 1 001 个人口普查区块，对所有这些人口普查区块都进行上述同样的过程，那么最终将得出轨道电车线路周边的每条街段上的累积的步行人流的估测结果（局部估测结果如图 4 所示，整体估测结果如图 5 所示）。

这个分析是由城市网络分析工具中的 *Betweenness*（中间性）工具来完成的，这一工具可以计算每个街段的 *Betweenness*（中间性）值。这些街段位于特定的线路上，这些线路连接了各人口普查区块和距其最近的轨道电车站点。计算所采取的权重是每个人口普查区块所包含的人口数量。出行量是累加的，这意味着当一条街段被人们经过得越频繁，则它的 *Betweenness*（中间性）值也越大。由于 *Betweenness*（中间性）指标是用人口数量作权重的，因此每个街段得到的数值代表的是经过这个街段的行人数量的估测值，如图 6 和图 7。这个估测值的数据会被记录下来，并在空间上用一个颜色梯度可视化出来。

在 *Betweenness*（中间性）工具中，在命令行输入一个 *Detour Ratio*（绕行比例）的值，可以模拟特定的出行路线。该特定的出行路线总长度比最短出行路径的长度会长出指定的百分数。针对步行路线选择的调查显示，人们通常会比最短路径多走 15%~20% 的路程，这就提示我们可将 *Detour Ratio*（绕行比例）的值设定为 1.15 或 1.2，从而能更加精确地体现被模拟的行为和路线选择。此外，*Betweenness*（中间性）工具中的一个距离衰减功能可以把出行成本考虑进来，让出行量随着距离的增加而逐渐减少。最终 *Betweenness*（中间性）估测值表明的是当居民前往距离他们最近的轨道电车站点时的各个街段上的全部人流量。很

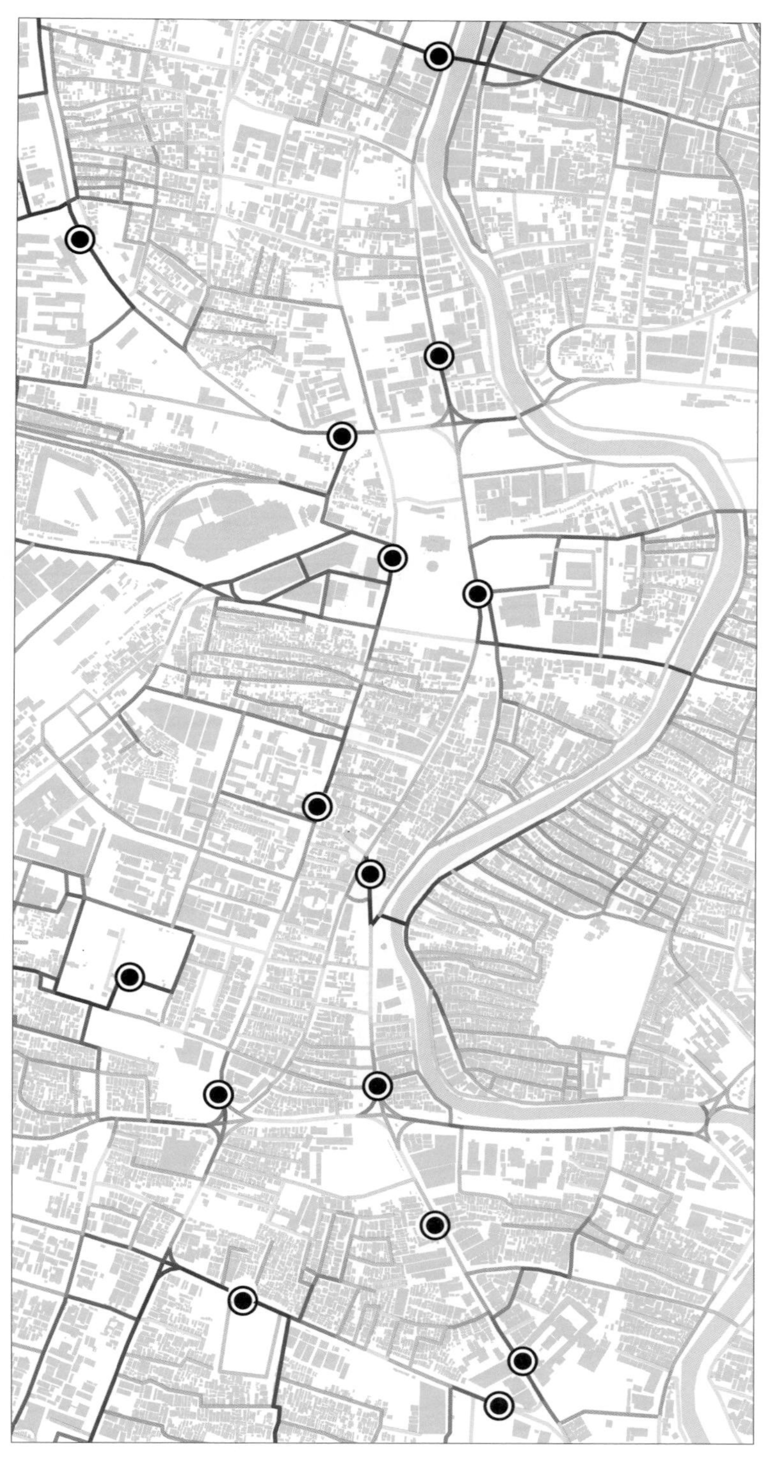

图 4 通往轨道电车站点的街道以及街道上的平均人流，使用 *Betweenness*（中间性）分析

图例

◉ 轨道电车站点

16 762

500

0

前往站点的人流（人 / 天）

图 5 在整个轨道电车廊道周边，通往轨道站点的街道以及街道上的平均人流，使用 *Betweenness*（中间性）分析

图例

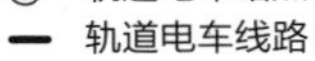

轨道电车站点
轨道电车线路

16 762

500

0

前往站点的人流（人 / 天）

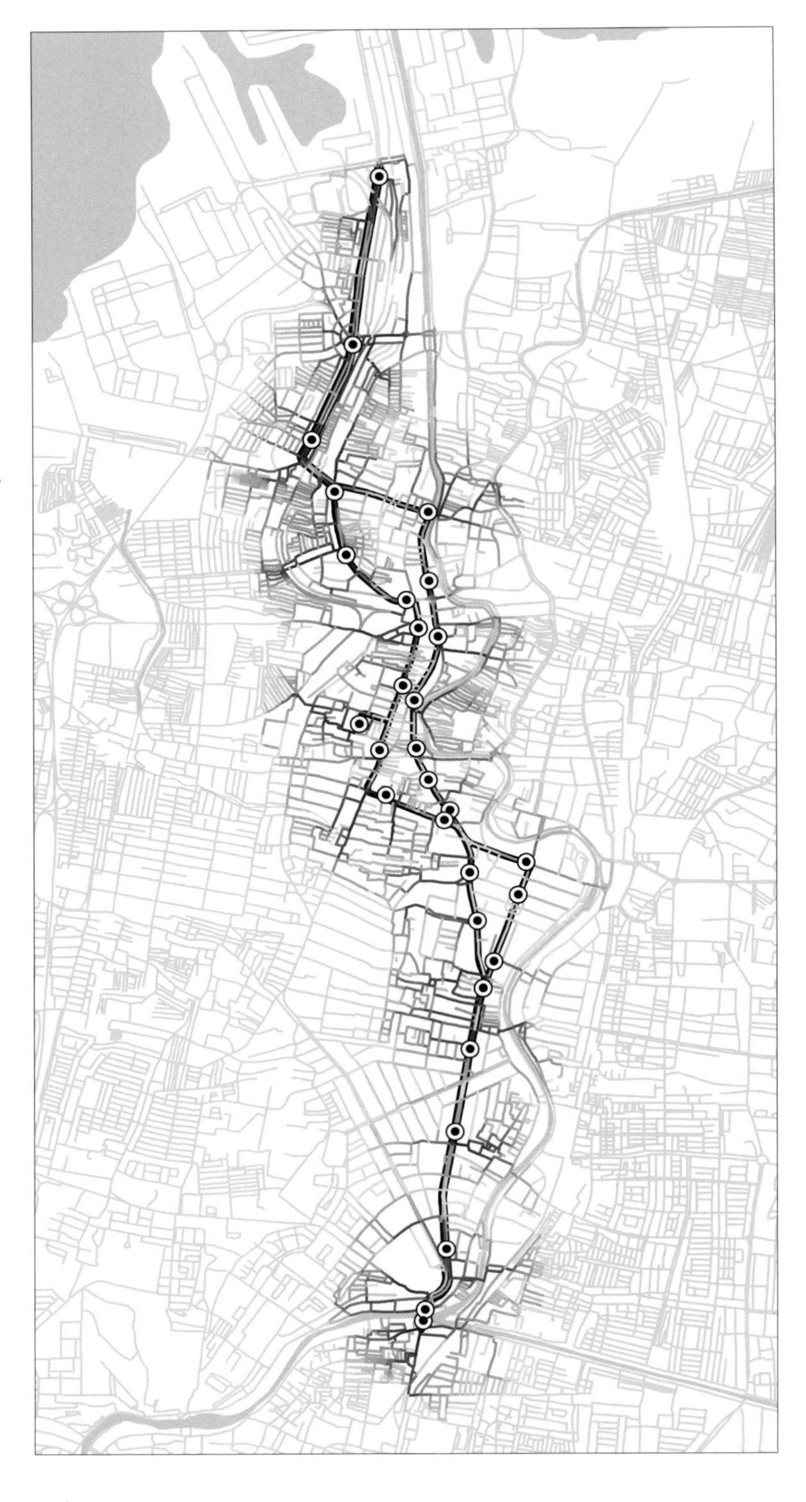

显然，在投入成本有限的情况下，应该优先选择使用频次最高的线路，提升其街道品质。理想情况下，提升工作应该是连贯的，即不在提升过的各路段之间穿插有问题的路段。

人流分析显示，一些通往所提议的轨道电车站点的重要的步行路径穿过了城中村。这些步行路径不仅包括较大的公共人行道，也包括小的城中村巷道。在轨道电车线路沿线，靠近 Joyoboyo、Keputran、Tunjungan、Genteng 和 Kembangan Buyut 这 5 个地方的人口密度最高，居民密度超过 1 000 人 / 公顷。升级步行路径时，应该优先考虑这些区域。

在图 6 和图 7 中，整个轨道电车线路周边人流量最大的路段（估测人流超过 1 000 人 / 天）被筛选出来，作为连接未来轨道电车站点的最重要的路径。这些路段累计 33 千米，可以对它们的步行环境品质进行评价，并在必要的时候进行相应的提升。在城市形态实验室和 Hansen 的研究（2015）中，针对这类重要的支路提出了一系列提升改造建议。

2.1.3 讨论

以上针对通往轨道电车站点的步行可达性的分析，只分析了人们从住房出发的情况。遗憾的是，我们无法收集泗水市工作场所和商业设施分布的数据。更加全面的分析应考虑轨道电车乘客所有类型的步行情景——从家到站点或从站点到家，从工作地点到站点或从站点到工作地点，从零售店到站点或从站点到零售店，从服务设施到站点或从站点到服务设施，从休闲目的地到站点或从站点到休闲目的地。如果这些数据都能获得的话，那么这样的全面分析将会更加可取。

在这个案例分析中所呈现的方法对其他城市的分析同样适用，尽管这些城市的街道设施情况会与泗水市有所不同。在泗水市，对于通往公共交通站点的最关键的步行路线的识别能帮助该城市采取以下措施：对这些步行路线周边的排水设施进行维修，保证在下雨时这些道路不会被雨水淹没；在这些步行路线上铺设合适的人行道，并安装街道照明设施和街道家具；将这些步行路线毗邻的不动产设置为步行者可以使用的设施，例如零售店和服务设施。在不同的城市，对通往公共交通站点的关键路线的预测会导致以下几种结果：改变这些路线周边的分区法规或建筑设计导则；减少其周边道路的机动车交通；进行更加广泛全面的景观或城市设计。在下雪天，类似的研究可以

图 6 平均人流超过 1 000 人 / 天的街段，使用 *Betweenness*（中间性）分析

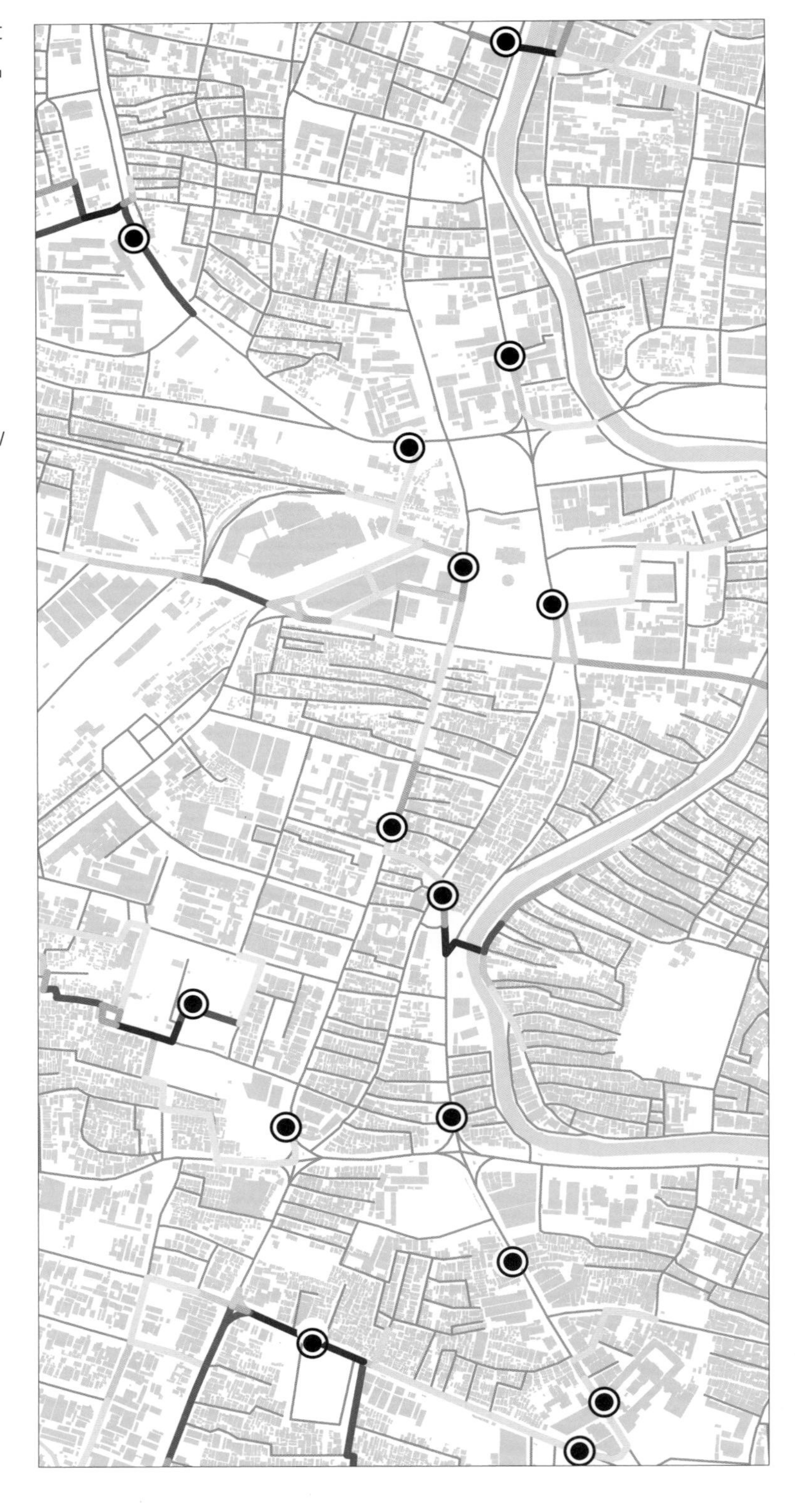

图例

◉ 轨道电车站点

前往站点的人流（人 / 天）

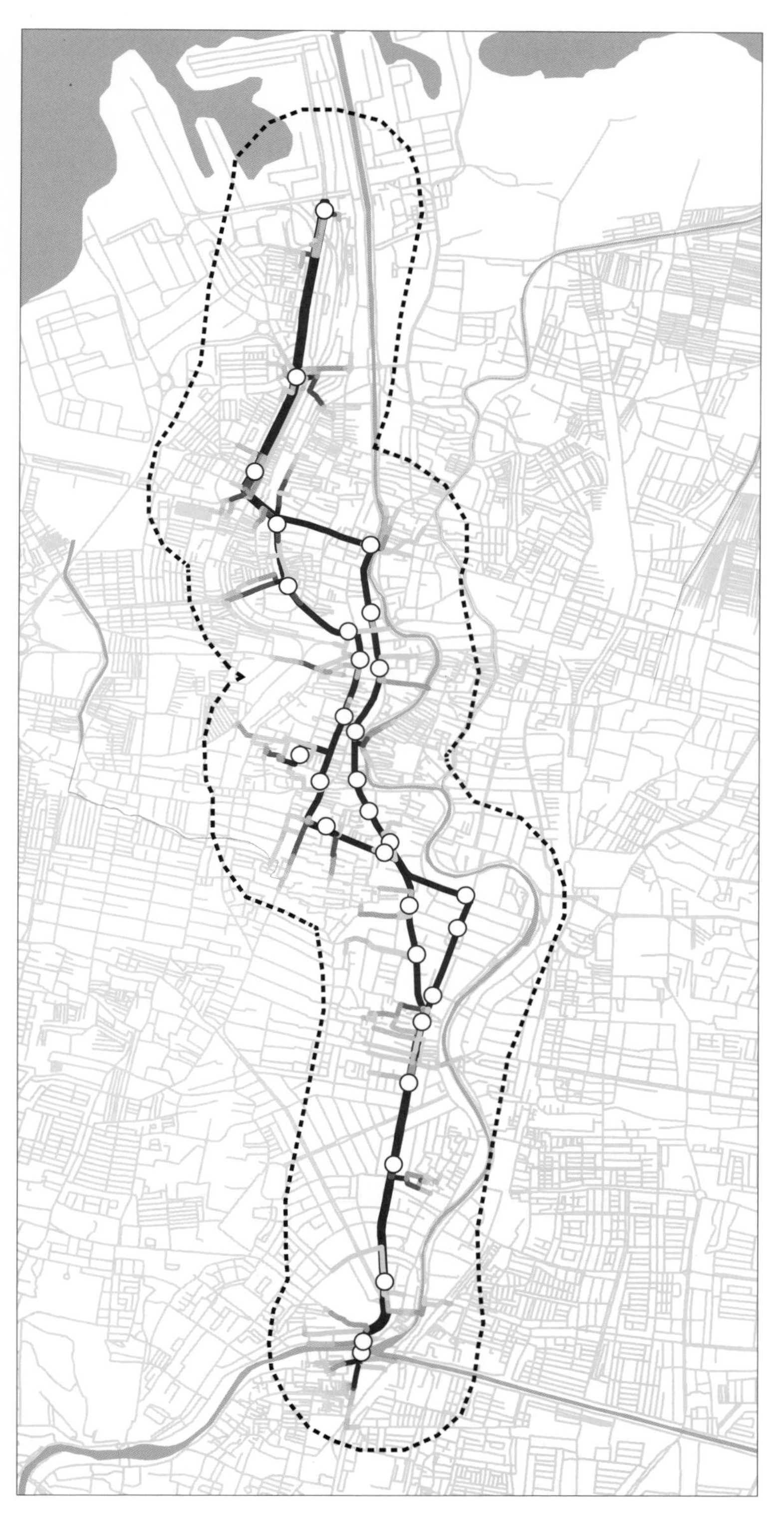

图 7 整个轨道电车廊道中平均人流超过1 000人/天的街段，使用 *Betweenness*（中间性）分析

图例

○ 轨道电车站点

— 轨道电车线路

16 762

2 700

1 001

前往站点的人流（人/天）

识别出一些步行道，以便优先进行市政除雪。此类分析还可以为公共资金的优先去向提供依据。

为了证实以上用 *Betweenness*（中间性）算法得出的人流预测的准确性，需要进行针对行人的实证调查。例如，塞文随克（Sevtsuk，2018）阐释了相似的分析是如何用于预测剑桥市的一个地铁站点周边在交通高峰期时的人流的。在其中的一条特定街段上，预测出的步行人流量与该街段上大约 80% 的实测人流量相当。

关于泗水这个项目，详情请见：http://cityform.gsd.harvard.edu/projects/surabaya-mrt-corridor-concept-plan。

新加坡榜鹅的一个轻轨公共交通站
点和公共巴士站

2.2 新加坡榜鹅的零售中心规划

城市形态实验室（City Form Lab）同新加坡住房与发展局（HDB）合作，为 HDB 最新的公共住房新镇之一——榜鹅的商业设施制定了一份战略。在诸多任务中，这一项目要求为新镇确定零售中心的位置，并确定其合理的规模。城市网络分析工具被多次用于预测所规划零售中心的客流量，模拟零售中心的最佳位置和最佳规模。这个案例分析阐释了城市网络分析工具是如何被用于确定空间设施的位置和规模的。尽管这个案例分析聚焦的是零售集群，但该工具也可以分析其他类型的设施规划，如城市公园、游乐设施、共享自行车站点和公共图书馆等。

2.2.1 榜鹅：一个公交导向的居住城镇

榜鹅是新加坡最新的居住城镇之一，建成后预计容纳约 30 万居民。它是一个以公共交通为导向的居住新镇，从榜鹅的公共交通站点通过大运量快速公共交通（MRT）线路与市中心连接。这一城镇的分区和组团通过高架的轻轨公交（LRT）系统、地方公共巴士和步行道与 MRT 的干线相连接。

HDB 的城镇商业中心规划通常遵循一个层次结构，即城镇中心、社区中心和组团中心。榜鹅被设想拥有 1 个城镇中心、7 个社区中心和大约 29 个组团中心。当下，新加坡 HDB 的城镇有 9% 的零售空间是在城镇中心，44% 在社区中心，47% 在组团中心（MTI Economic Review Committee，2002）。

商业设施对于富有活力的城市社区是必不可少的。在人们的居住地点或工作地点周边配备商店、餐馆和个人服务设施，不仅能增加人们的选择，还能鼓励步行和减少城市能源使用，提高社会凝聚力，增加当地的就业岗位。因此，确保榜鹅所有的零售中心能构成一个强大的地区商业系统，并能够得到最大化使用，是至关重要的。为了达成这一目的，城市网络分析工具被用来预测所规划的零售中心的客流量，并对零售中心的选址和规模进行模拟优化，以使其客流量最大化。

2.2.2 哈夫模型及其改进

城市网络分析工具中的“设施客流分析”基于被广泛使用的由大卫·哈夫(David Huff, 1963)开发的零售支出模型(Retail Expenditure Model，或称哈夫模型）。这个哈夫模型假定：每个零售中心的访客量与其吸引力成正比，与其同顾客的距离或顾客出行时间成反比。然而，在城市网络分析工具中实现哈夫模型，还需要对其进行改进，从而让哈夫模型能够在空间网络上工作，并让用户能够控制交通成本变量和衰减率，借此把一个系统中的全部访客量与该系统的空间布局联系起来（Sevtsuk 和 Kalvo，2017）。

2.2.3 客流量分析

这项研究着手两项工作：一是预测已经建成的或已被 HDB 规划好的商业中心的客流量；二是弄清楚这些商业中心空间模式可能实现的改进，从而能通过未来的发展使镇上所有这些零售点的客流量总和最大化。

图 8 显示了榜鹅镇的平面布局，包括街道网络、建筑轮廓以及现有已建成的商业群的位置。这些商业群的估测规模用建筑面积（单位为平方米）表示。全部的住房由 96 112 个居住单元构成，居民以这些居住单元为 *Origin*（起点），出发步行前往零售设施。

图 9 显示了根据哈夫模型，利用城市网络分析工具中的 *Find Patronage*（寻找客流量）工具预测出的各商业中心的客流量。在给定需求点和竞争设施的空间分布后，这一工具可以预测网络上设施的客流量。在图 9 中，尽管建筑的几何中心点用统一的蓝色点来表示，但是它们都附带一个不同的权重（*Weight*），代表各个建筑所包含的居住单元总数。这些建筑的几何中心点即为需求点，它们以居住单元数为权重，在分析中作为 *Origin*（起点）；同时，零售中心点以各自的规模为权重，在分析中作为 *Destination*（终点）。

图 9 中的各个 *Destination*（终点）的结果表明，最小的商业中心的每周预测客流量可达 3 412 户，最多可达 15 935 户。所有零售中心的全部客流量为 96 112 户——这一数值和户数是

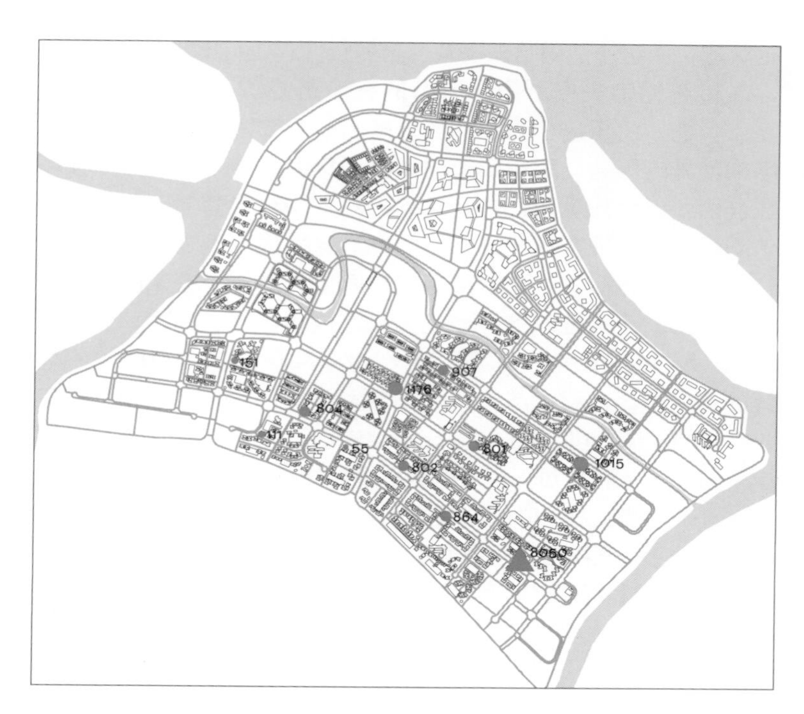

图 8 榜鹅镇的平面布局及街道网络、建筑轮廓和现有商业中心

每个符号旁所标注的数值代表各商业群的商铺可租赁面积

图例

▲ 社区中心

● 组团中心

□ 建筑轮廓

图 9 榜鹅现有商店的客流量估测

镇上全部客流量=96 112户。*beta*=0.001；search radius（搜索半径）=3 000米；*alpha*=0.37

图例

▲ 社区中心

● 组团中心

∴ 建筑点

相等的，而这是使用哈夫模型的前提条件。

传统的哈夫模型假定所有的客流量或购买力会被所有的终点吸纳。由于这个假定，所有商店的全部客流量并不受环境结构差异的影响，即使所有的商店都集中在镇中心的一个大商业群里，这个模型依然估计出这一商业中心会有 96 112 户的访问量。但是现实情况并不是如此。这是因为当需求具有弹性的时候，交通成本会影响商店的访客量。对于某些家庭而言，商业中心的可达性越低，他们光顾这些商业中心的频率也越低（Sevtsuk 和 Kalvo，2007）。为了解释前往终点时的不均等的可达性，*Find Patronage*（寻找客流量）这一工具中附加了一个距离衰减功能（在命令行中点击"ApplyImpedance"可以激活这一功能）。顾客对于距离的敏感性或弹性由一个距离衰减系数 *beta* 值来控制。在 HDB 城镇中，对于前往零售店的出行，*beta* 的经验值是"0.001"（距离单位为米）。

在图 9 的商店客流量估测的参数配置基础上，图 10 的商店客流量估测另外增加了"距离衰减功能"的应用。每个商业中心的相对客流量与之前相似，但是增加了"衰减效应"后，正如预期的一样，整体的客流量下降了 65%，从整体的 96 112 户（该地区全部住户数量）减少到 33 211 户。现在，城镇的平面布局，特别是居民住所到商店的距离可以对整体的商店客流量产生影响——当商店对居民的可达性提高后，其客流量也会提高。

2.2.4 考虑榜鹅的公共交通导向的特点

在图 9 和图 10 的估测中，购物者被认为是从居住建筑出发的。然而，居民从家出发前往购物中心的行为并不一定能反映主导的购物行为模式。在新加坡 HDB 的城镇中，超过 65% 的居民每天"家—工作地点—家"的通勤依赖的是公共交通，包括大运量快速公共交通、轻轨和公共巴士。把商业中心布置在通往公共交通站点的途中，可以让居民顺便光临这些商店却不产生额外的交通成本。

为了模拟人们从家到公共交通站点的日常步行途中所发生的零售购物行为，运用城市网络分析工具中的 *Distribute Weight*（分配权重）工具，将居住地点的"需求权重"以给定的距离间隔（如 10 米）在通往公共交通站点的步行途中沿路分配下去。例如，如果某一栋建筑的初始需求权重是"100 个居住单位"；这栋

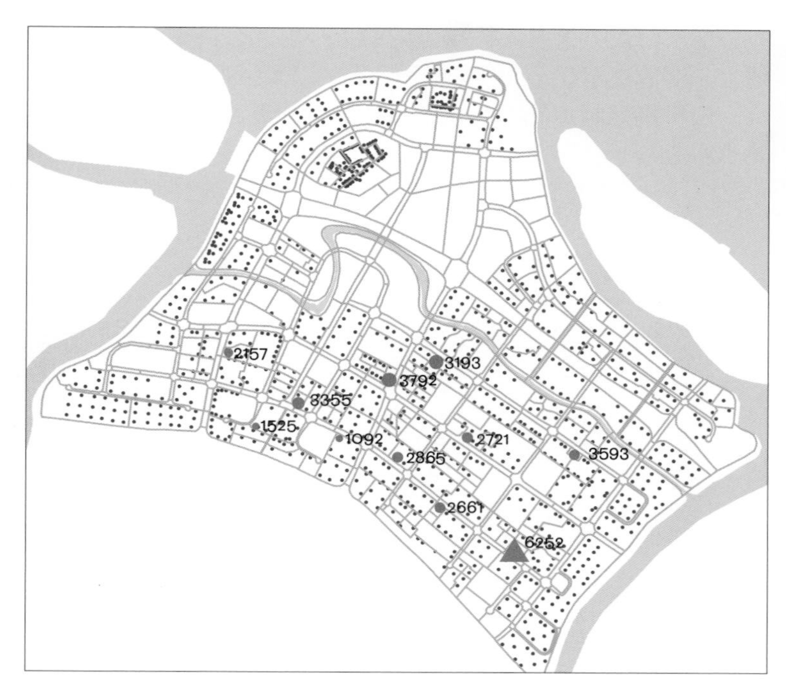

图 10 使用“距离衰减功能”后，榜鹅现有商店的客流量估测

镇上全部客流量=33 211户。*beta*=0.001；search radius（搜索半径）=3 000 米；*alpha*=0.37

图例

▲ 社区中心

● 组团中心

∴ 建筑点

建筑与最近的公共交通站点的距离是 1 000 米；“分配到需求的点”在两者间以 10 米间隔分布。那么，我们将有 100 个“分配到需求的点”，且每个点分配到的需求权重为“1”。当多条路线在流通网络的同一街段上重合时，则该街段上的“分配到需求的点”会被重复使用，且需求权重值会在各点上累积。最终，在交通非常繁忙的街段上的点，例如靠近大运量快速公共交通站点、轻轨站点和公共巴士站点的点，会累积出较高的权重值。*Distribute Weight*（分配权重）这一工具让我们重新分配点的权重，把权重值从静止的起点位置上分配到通往终点的网络路线上。在这一工具中，路线选择依靠的是 *Betweenness*（中间性）算法，这一算法在前面的泗水市案例分析中已描述过。

和 *Betweenness*（中间性）工具一样，*Distribute Weight*（分配权重）这一工具没有绝对地假定行人会使用最短路径。在命令行输入“DetourRatio”（绕行比例）的参数值，可以让这个工具选择比最短路径长出一定百分比的路径。基于一个针对 HDB 城镇步行者行为的调查，我们规定绕行比例的值为 15%，把住户权重值均匀地分配到所有符合条件的路线上。这些符合条件的路线比从家到公共交通站点的最短路径最多长 15%。表格 1 中所显示的条件决策树用来确定每个住户需求权重值中有多少权重值被分配到通往不同类型的最近一处的公共交通站点的路线上。这取决于在 800 米步行范围和步行距离内是否有各类站点。由于是把起点的需求权重从建筑分配到通往公共交通站点的步行路线上，因此权重的总和并没有改变——它还是保持 96 112 户，与该地区的原始住户数相对应。

表 1 条件决策树用来确定：在榜鹅镇每个住户的需求权重中有多少权重值被 *Distribute Weights*（分配权重）工具分配到通往不同类型的最近一处的公共交通站点的步行路线上。这取决于有哪类站点以及站点距离每个住所有多远

	800 米网络半径内的交通工具				权重		
	公共巴士	轻轨	大运量快速公交		公共巴士	轻轨	大运量快速公交
若	有	有	有	则	10%	30%	60%
若	有		有	则	30%	0%	70%
若	有	有		则	30%	70%	0%
若	有			则	100%	0%	0%
若		有	有	则	0%	30%	70%
若			有	则	0%	0%	100%
若		有		则	0%	100%	0%
若				则	0%	0%	0%

图 11 描述了步行路线上“分配到的需求权重”。这些步行路线连接了居住单元和距其最近的大运量公共交通、轻轨和公共巴士站点。这张图还表明了现有商店集群的新客流量估测值，这些商店与我们在图 10 中看到的商店是一样的。总体而言，所有商店的客流量稍有增加，从之前的 33 211 增加到了 35 055，增加了 5.55%。导致这一结果的原因是此次模拟的需求量是来自从住处前往公共交通站点的途中的人流，而非直接来自于住处的人流。这表明，今后应沿着通向公共交通站点的受欢迎的步行路线发展零售业，对榜鹅居民而言，这一举措会增加零售店的可达性。

2.2.5 模拟新的商店

在进行本研究的时候，榜鹅镇差不多已经建成了一半，所规划的商业空间不到一半已经建成。一个镇中心（规划的最大的商业中心，位于榜鹅大运量快速公共交通的接合点）还没有破土动工。一些社区中心也在规划阶段。一些组团中心已经完成了。项目部分建成的状态为研究者提供了一个机遇，即探索如何为剩下的商业空间探索最佳的选址和规模，以使镇上的零售客流量最大化。

这一研究比较了两种规划情境。这两种情境采取了不同的商业空间选址方案，但针对两者的模拟，均以图 11 中的通往大运量快速公共交通的步行路线上的分布点作为需求点。第一个情境反映了一个早已设计好的榜鹅未来商业中心分布的规划，包括已经建成的商业中心和待建的商业中心。第二个情境阐释了一个白板式方案：将与第一个情境同样数量的商业中心移到最优位置，从而最大化其可达性，使得它们能够吸引重要步行路径上的客流——这些步行路径连接了大运量快速公共交通和公共巴士站点。以下分析剖析了两种情境中店铺的选址和规模是如何影响零售店整体客流量的。

通过确保两个情境都包括 1 个镇中心（30 000 平方米的可租用净面积）、7 个社区中心（各 9 000 平方米）以及 29 个组团中心（各 1 500 平方米），让两个情境具备可比性，零售空间的总量保持恒定，并与榜鹅未来的零售空间总量相符。

图 12 为情境一的分析结果。在情境一中，现有商业群和未来商业群的布局依据的是榜鹅的已有规划。所有商业中心的全部客流量估测为 38 243 户。在情境二中，商业群的数量和规模保持不变，但在布局上，它们较为靠近大运量快速公共交通站点周边交通最为繁忙的步行道。于是在情境二中，所有商业中心的全

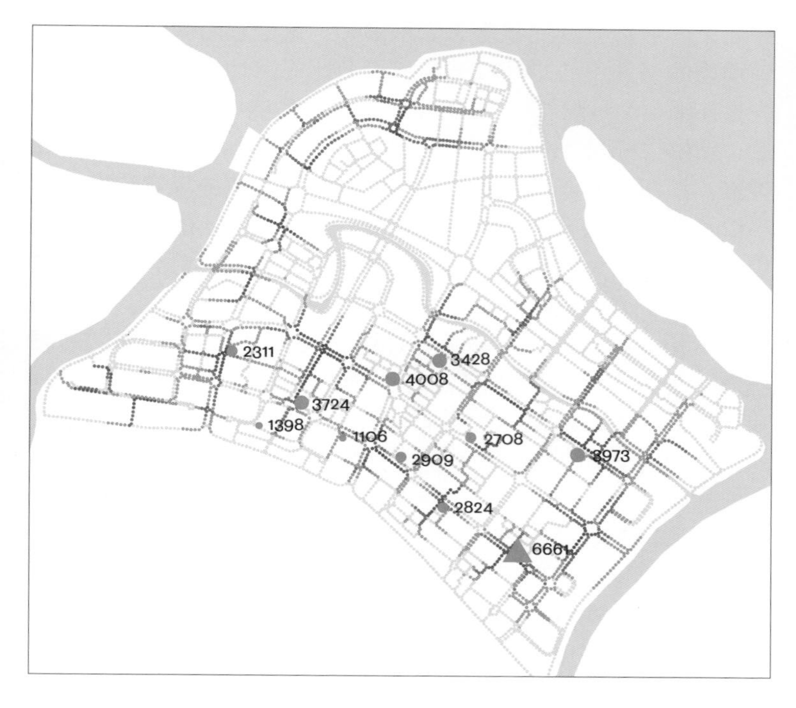

图 11 现有商店集群的新客流量估测，其中需求来自于前往公共交通站点的步行路线上

镇上全部客流量 =35 055 户。*beta*=0.001，search radius（搜索半径）=3 000 米；*alpha*=0.37

图例

▲ 社区中心

● 组团中心

分配的需求权重

部客流量估测值增加到了 38 899 户，尽管让商店位置稍微靠近站点的举措仅少量地增加了客流量（1.7% 的增幅），但是如果在其他情况下（如较少的商店和较大的市场面积），那么这种微小的改变将会带来客流量的显著增加。

给定一组 *Destination*（终点）作为商业中心，在它们位置不变的前提下，另一种影响客流量的方法是重新分配这些终点的规模大小。这是因为以 *Gravity*（引力）值衡量可达性时，其结果同时取决于 *Destination*（终点）的规模（可代表吸引程度）和距离（参见 4.4.1.2 小节）。图 13 中，我们优化了零售终点的位置，让它们更加靠近前往大运量快速公共交通的步行路线，但与此同时，我们也采取了 HDB 对于商业中心规模的典型分配方式——镇中心规模为 30 000 平方米，社区中心规模为 9 000 平方米，组团中心规模为 1 500 平方米。在保持零售空间的全部面积恒定的前提下，我们探索了如何用商业中心的不同规模分配模式来提高整体的客流量。

UnaPatronageSim 这一分析工具是用来测试什么样的商业中心规模组合可以最大化客流量。这个工具没有用户交互界面按钮，只能通过在命令行输入该命令来激活。同上述分析相似，需要输入的内容包括 *Origin*（起点，用来确定零售需求点的位置）和 *Destination*（终点，代表零售店的位置）。此外还需要输入在各中心之间进行分配的零售总面积限额。这个总面积数值会在所有类型的商业中心之间以选定的百分比间隔地进行迭代分配：先是在镇中心分配 1%，剩余的在其他类型的中心之间分配；而后，镇中心分配 2%，剩余的在其他类型的中心之间分配；以此类推。正如前面所言，每个零售群的吸引力取决于它的规模大小以及与潜在顾客之间的网络距离。在需求一定的前提下，当零售商店的可达性最大化时，这种吸引力也达到最大化。反过来说，这个可达性依赖于终点的邻近程度和规模大小，也依赖于 *beta* 和 *alpha* 系数。*beta* 系数描述了人们对于出行成本的敏感程度，而 *alpha* 系数描述了人们对于终点规模大小的敏感程度。我们使用的 *beta* 值为“0.001”，*alpha* 值为“0.37”。对于这两个值的确定，根据的是一个关于新加坡 HDB 城镇中住户购物出行的实证调查。

图 14 显示了模拟结果，其中给定的可租用净面积总量以 5% 的间隔迭代地分配到不同类型的商业中心。在图中，纵轴代表的是客流量估测结果，横轴代表的是分配给镇中心零售空间的面积百分比。在每次迭代运算中，可租用的零售净面积保持恒

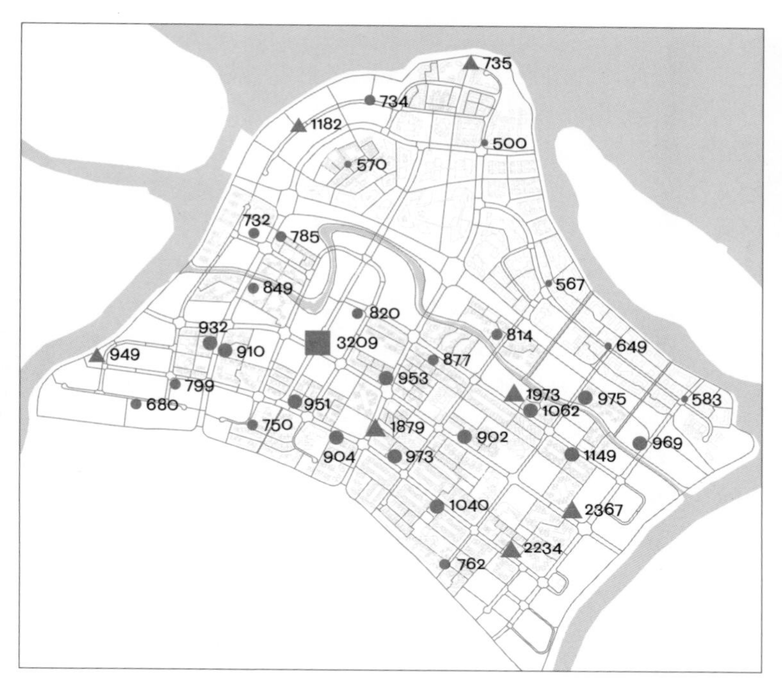

图 12 情境一中已建成商业中心的客流量估测值，总商业空间为 136 500 平方米

镇上全部客流量 =38 243 户。*beta*=0.001；search radius（搜索半径）= 3 000 米；*alpha*=0.37

图例

■ 镇中心

▲ 社区中心

● 组团中心

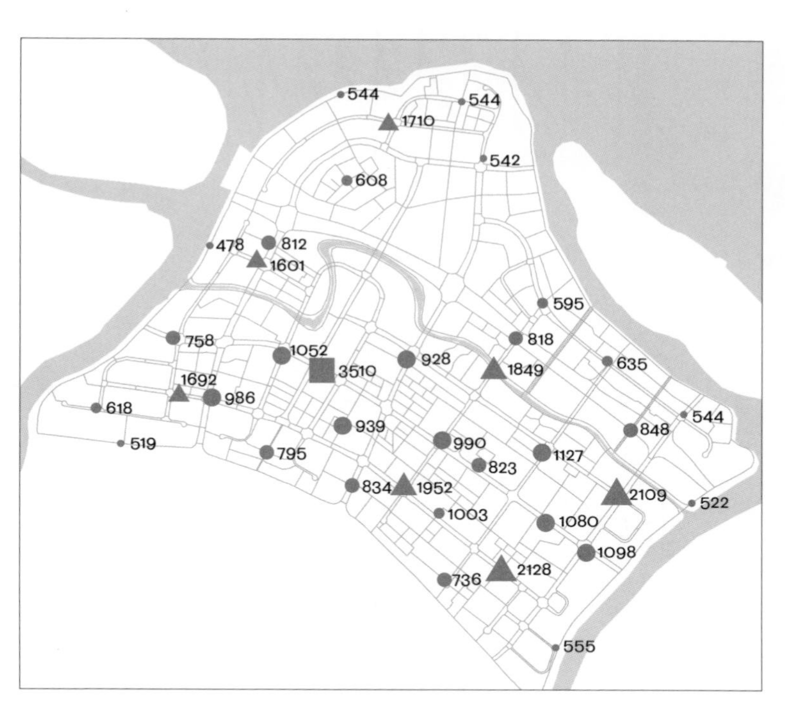

图 13 情境二中商业中心的客流量估测值，总商业空间为 136 500 平方米

所有商业群的全部估测客流量 =38 899 户。其中 *beta*=0.001；search radius（搜索半径）=3 000 米；*alpha*=0.37

图例

■ 镇中心

▲ 社区中心

● 组团中点

定，但不同的零售面积被分配到不同类别的商业中心。图中每个Z形隆起中，其最左边代表着除了分配给镇中心的，剩余的零售面积全部被分配到组团中心；其最右边代表着除了分配给镇中心的，剩余的零售面积全部被分配到社区中心。这张图的整体图案表明在镇中心所分配到的零售面积比例一定的情况下，只有当剩余的零售面积全部分配给中等大小的社区中心，且最小的组团中心分配到的零售面积为零时，整体客流量才达到最大。当1个镇中心和7个社区中心都同样大时，即均为17 065平方米时，整体客流量达到最大值，即41 254户。这个结果表明，稍大规模的社区中心所构成的网络与现有等级化的由1个大型镇中心、几个中等规模的社区中心和多个小型组团中心构成的网络相比，前者给居民和商业带来的益处更大。换句话说，榜鹅会受益于这样的零售空间布局模式：完全没有小型的组团中心，而有更多的中等规模的可以吸引更多顾客的社区中心。

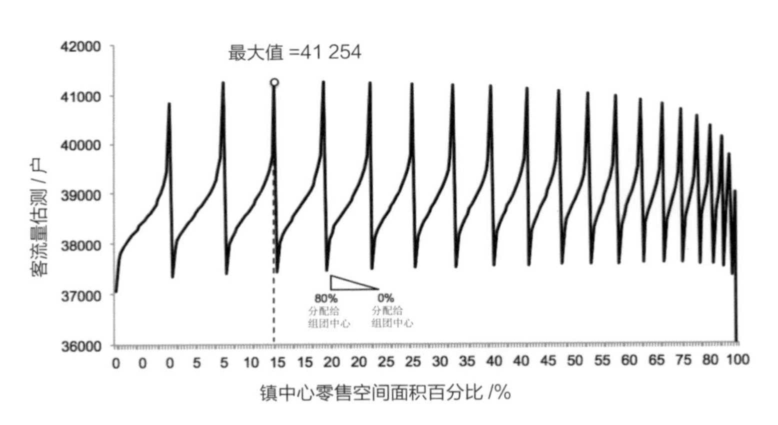

图 14 客流量模拟结果，其中136 500平方米的商业面积总量被以5%的步数迭代地分配到镇中心、社区中心和组团中心。最大客流量是41 254户。*beta*=0.001；search radius（搜索半径）=3 000米；*alpha*=0.37

注意：模拟结果并没有单一的尖锐峰值，而是有多个峰值；当这些峰值所对应的镇中心规模在5%~55%之间变化时，整体客流量均保持在最大值的1%范围内浮动。当镇中心有75 500平方米（55%的零售空间分配到镇中心）、7个社区中心各有8 775平方米时，整体客流量达到40 896户。当零售面积被分配到7个或8个（如果算上镇中心的话）社区中心时，即当每个中心容纳9 000~18 000平方米的空间时，整体客流量会达到最大值。

这些结果适用于榜鹅。根据平面布局和顾客密度，其他城镇可能需要不同的规模组合。然而，由于最佳规模配置的两个最重要的决定因素——*alpha* 值和 *beta* 值——是基于新加坡的 9 个 HDB 城镇的调研数据，因此对于其他 HDB 城镇也应该探究一下，中等规模的社区中心是否也应得到更多的重视。

总而言之，在零售集群位置不变的情况下，优化零售集群规模可以增加客流量。例如零售客流量估测值从情景二中的 38 899（图 13）增加到了情景三中的 41 254（增加了 6%）。因此有目的地优化规模比起上文讨论的选址调整会对客流量产生更大的影响。但如果我们同时进行选址优化（让商业中心更加靠近通往大运量快速公共交通的步行道）和规模优化，则比起基准情境（情景一），零售客流量估测值会增加 10.2%——这对于榜鹅的居民和商户而言，都是一个巨大的改进。

2.2.6 其他应用

本节描述的模型及相关的城市网络分析工具可以让规划师和城市设计师更好地理解空间规划是如何影响零售开发项目的活力的。成功的城市商业规划应该让商店获得足够的客流并能够取得收支上的平衡。建筑的位置和密度及城市流通网络的布局能在塑造零售需求上发挥重要作用，从而让零售商能更好地生存下去。

在榜鹅的案例中，我们聚焦于零售点选址和规模的优化。另外，通过操控需求点位置和通行路线，即住房场地平面、居住密度和就业密度、步行路线以及公共交通位置，也可以实现相似的结果。如果这一模型被运用到其他城市的现有零售系统中，则可以用来评价一个给定的商店集群的规模扩张方案会如何影响自身客流以及周边与其竞争的商店集群的客流，这可以让政策制定者明白如何以及在哪儿实施区划调整和政策激励措施，从而提升地方的经济活力。

如果使用恰当的系数和参数，类似的模型也可用于分析其他不同类型的城市设施。例如，城市公园或游乐场地的规划将受益于这一模拟客流量的模型，以最大化使用率。电动汽车充电桩和共享自行车站点的选址也面临相似的问题。城市网络分析工具中的 *Find Patronage*（寻找客流量）工具和 UnaPatronageSim 命令选项，是专门为各类空间设施客流量分析应用而设计的。

马萨诸塞州剑桥市哈佛广场商业群

2.3 可达性对于马萨诸塞州剑桥市和萨默维尔市的零售和餐饮设施区位模式的影响

这个案例研究以马萨诸塞州剑桥市和萨默维尔市为例，目的是探索哪些空间因素能够用于解释两个城市中的零售和餐饮设施的区位模式。这个研究将大约 14 000 座建筑作为分析的单元，分析了从这些建筑到其周边零售和餐饮设施、不同土地利用类型的空间以及公共交通站点的步行可达性，继而研究步行可达性与零售和餐饮服务设施分布概率的关系。*Accessibility Indices*（可达性指数）工具中的 *Gravity*（引力）指标以及 *Betweenness*（中间性）工具会被大量地用于衡量所有商店的区位和可达性质量。

2.3.1 研究范围

马萨诸塞州的剑桥市和萨默维尔市坐落在查尔斯河畔，与波士顿市中心隔河相望。两市在空间上毗邻，且面积相差不大。剑桥市的土地面积约为 16.72 平方千米，2007 年时的人口为 101 388 人。萨默维尔市的土地面积约为 10.66 平方千米，2007 年时的人口为 74 405 人。剑桥市和萨默维尔市的人口密度属于中等。两者距离波士顿人口稠密且历史悠久的市中心仅有几千米。这两个城市特别适合于本研究，其中一个原因是这两个城市的步行者和搭乘公共交通上下班的人很多。此外，两个城市的商店分布很有特点——商店往往聚集在广场的周围。

2009 年，ESRI 商业分析数据包括了剑桥市和萨默维尔市一共 1 941 个设施，其中有 1 258 个零售设施和 683 个餐饮设施。地理坐标以及与每个设施关联的地址字段可以让两个城市中的各个商业设施和各建筑匹配起来。每一座建筑都获得一个二元因变量（0 或 1），表示它是否包含零售或餐饮设施。这个二元因变量成为一个回归模型中的因变量。这个回归模型分析的是在两个城市中的单体建筑中出现零售或餐饮设施的概率。

原始的数据集拥有剑桥市和萨默维尔市的 26 983 座单体建筑，其中 961 座包含了一个或多个零售或餐饮设施。然而，并非所有这些单体建筑都适合零售和餐饮设施选址模型。这是因为城市区划只允许将这两个城市的某些特定区域作为商业用途。所以在选址时涵盖所有建筑的做法是不现实的。因此，我们从数据中删除了所有被指定为“独户住宅”的区划街块，只留下商业建筑、工业建筑、多户住宅以及混合用途的建筑作为选择集。

然而，我们继而发现：目前有不少商业设施位于“独户住宅”的区划地段，这可能是因为该区域的“规划偏差”和“特殊许可”造成的。为了解释这种情况，我们在这些居住区内每个商业设施周围画了 100 米宽的缓冲带，然后把缓冲带内的建筑重新纳入零售或餐饮设施位置的选择集。最终包含的建筑总数从此前的 26 983 座降低为 14 218 座，即降为原先的 52.7%。如图 15 所示，834 座建筑包含了零售或餐饮服务设施，可以看出其中有一些围绕着哈佛广场、中央广场、因曼广场和联合广场。

从 ESRI 商业分析数据中获得的就业估测值表明了每个设施中的雇员数量估测值。居民估测值来自于 2000 年街块尺度的人口统计数据；交通网络来自于 MassGIS；地块特征来自于两个城市的 assessor 数据库；道路和步行道特征来自于 Tiger 的道路数据。

由于人口统计的原始数据不是基于单体建筑尺度，因此它们必须先在居住建筑之间进行插值计算。我们首先根据 assessor 数据库筛选出每个人口普查街块中的居住建筑，然后依据建筑体量把人口普查数据按比例分配给这些居住建筑（即体量越大的居住建筑获得越多的居住人口）。在每个人口普查街块中，所有居住建筑所包含的居民总数同人口普查数据相等。

以上这些地理数据是用来构建网络的，从而让网络可以用于犀牛软件中的空间分析。建筑的入口用点来表示，并将点放置在实际建筑轮廓的几何中心上。同时，我们假定每个入口都

图 15 在马萨诸塞州剑桥市和萨默维尔市中所观察到的零售和餐饮设施

图例

建筑（数量 =26 983）

用作分析的建筑（数量=14 218）

包含零售和餐饮设施的建筑（数量 =834）

灰色建筑的分布范围标志着城市的市域范围

连接到与其垂直距离最短的街道上。每个建筑点都有描述自身的属性值：居民数估测值、就业人口数估测值、以 GFA（总建筑面积）表示的建筑体量以及建筑是否包含零售或餐饮设施（二元变量 0 或 1）。

本案例分析聚焦于一种出行模式——步行。我们测试了从不同 *Origin*（起点）（家、工作地点和公共交通站点）出发前往不同终点的步行可达性是如何影响两个城市的建筑中出现零售和餐饮设施的概率的。这些可达性估测值（作为自变量）并非描述实际观测到的步行出行量，而是描述了在每座建筑 600 米网络半径内（约 10 分钟步行距离）通往不同 *Destination*（终点）的潜在可达性。本案例关注的是各建筑的这些潜在可达性是如何影响它们自身出现零售和餐饮设施的概率的。

本案例分析不仅基于家、工作地点或互补性商业点这些步行 *Origin*（起点）来研究零售和餐饮设施选址规律，也基于公共巴士站点和地铁站点这些步行起点进行研究。公共巴士站点和地铁站点会带来相当一部分的商店顾客，特别是当站点位于较大的商业集群时，如哈佛广场的商业集群。

本研究没有估测小汽车通行是如何影响地区的零售和餐饮设施的分布模式的，这是本研究的局限之一。然而，在剑桥市和萨默维尔市，对商业的观察结果显示：大部分前往商店的出行人群是依靠步行或者公共交通的。

2.3.2 自变量：可达性测度

2.3.2.1 *Gravity*（引力）分析

Gravity（引力）可达性指数（Hansen，1959）衡量从一组 *Origin*（起点）出发，抵达一组 *Destination*（终点）的难易程度。在本案例中我们使用城市网络分析工具中的 *Accessibility Indices*（可达性指数）阐释 *Gravity*（引力）分析的 3 个应用，量化从剑桥市和萨默维尔市的 14 218 座 *Origin*（起点）建筑（即零售或餐饮设施的潜在选址）出发前往 3 种不同类型的 *Destination*（终点）的可达性。这 3 种 *Destination*（终点）分别为地铁站点、以居民数为权重的建筑和以总建筑面积为权重的建筑。所有终点均在以 *Origin*（起点）为中心的 10 分钟步行半径内（半径 =600 米）。然后我们利用这些可达性分析的结果，通过统计学方法确定吸引零售和餐饮设施的区位品质。

首先，为了捕捉住宅密度的空间变化，我们衡量了所有 14 218 座 *Origin*（起点）建筑相对于周边居民的步行可达性。剑桥市和萨默维尔市边界内的所有建筑以及两个城市边界向外 600 米缓冲带中的建筑都被选为 *Destination*（终点）。在本例的研究范围（即两个城市的边界）周边增加一条由 *Destination*（终点）构成的缓冲带，缓冲带宽 600 米（类似于在可达性分析中指定的 600 米半径）。在研究范围周边采取这种做法是一种常见的技巧，它可避免由于人工裁剪空间数据所带来的“边界效应”。在分析中，每个 *Destination*（终点）建筑中的居民数量被设置为 *Destination*（终点）的权重。因此，居民数量为零的 *Destination*（终点）就不会影响可达性结果。分析结果可视化后如图 16 所示。

其次，我们衡量了 14 218 座 *Origin*（起点）建筑相对于周边建筑（以总建筑面积为权重）的可达性。本次分析所使用的起点建筑与上一个分析所使用的起点建筑相同。该分析将围绕这些零售或餐饮设施的潜在选址探究它们周围的建设密度的变化。在此，我们使用和前面分析相同的 *Destination*（终点），但是给它们赋予的权重是总建筑面积而不是上一步骤中的居民数。分析结果可视化后如图 17 所示。

第三，我们也衡量了 14 218 座 *Origin*（起点）建筑相对于地铁站点的可达性。该分析使用相同的 *Origin*（起点）建筑，但是把 *Destination*（终点）改为地铁站点。每个站点的权重就是单纯的计数变量，即分配给它的权重是“1”。同样地，剑桥市和萨默维尔市周围的 600 米缓冲带内的站点也被包括进来作为 *Destination*（终点），避免人工的边界效应。分析结果可视化后如图 18 所示。这 3 个图阐释了两个城市中 3 种空间可达性的变化，这 3 种空间可达性指的是 14 218 座建筑相对于周边居住建筑（分别以居民数和总建筑面积作为权重）和地铁站点的可达性。单体建筑所获得的可达性值可以构成自变量，用于零售和餐饮设施选址的回归模型。

2.3.2.2 *Betweenness*（中间性）分析

尽管 *Gravity*（引力）指数分析可以获知从周边住房或工作场地抵达商店的难易程度，但是它无法告诉我们：在其他目的地之间出行时，在途中顺路抵达这些商店的难易程度。如果一家便利店所处的位置并非最靠近人们的住处或工作地点，但它却位于人们在其他 *Destination*（终点）之间往返时频繁途经的地方，那么外部效应和溢出效应会让这家便利店更加吸引人。

我们使用城市网络分析工具中的 *Betweenness*（中间性）工具估测了途径不同商店的潜在人流量。理想的做法是，在两个城市的边界内，用 *Betweenness*（中间性）工具分析“从所有建筑（起点）到所有建筑（终点）”的情况（即所有建筑同时被设置为起点和终点）。由于剑桥市和萨默维尔市的建筑在体量上有较大的差异，中间性测度应该以建筑体量作为权重——假定从每座建筑出发的出行数量与建筑的体量成正比，即体量大的建筑会比体量小的建筑释放更多的出行量。这一分析在执行时不应受到半径的限制，即分析范围应该遍布两个城市的每一个角落，同时需要使用一个不同的距离衰减速率，把交通成本考虑进来。

然而，这样理想化的 *Betweenness*（中间性）分析通常会包含太多计算量，而无法在一个合理的时间内完成分析。因此我们在此介绍一个稍微简化的方法，这在许多情况下会更加切实可行。在进行 *Betweenness*（中间性）分析时，我们不采用从所有建筑（起点）到所有建筑（终点）的分析，而是将街道网络的所有“道路交叉口的点”和“道路尽端点”作为 *Origin*（起点）兼 *Destination*（终点）。在 ArcGIS 中使用空间连接工具，让建筑点同距离其最近的道路交叉点和道路尽端点关联，与此同时道路交叉口和道路尽端点会被赋上与之关联的所有建筑点的总建筑面积（GFA）的总值。从建筑转换到道路交叉点和道路尽端点，降低了分析的空间粒度。但是，道路交叉口的点和道路

图 16 在 600 米半径内，各建筑吸引周边居住人口的 *Gravity* 可达性（以各座建筑所容纳的居民数量为权重；搜索半径 =600 米）

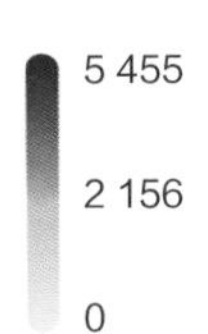

吸引周边居住人口的 *Gravity* 可达性结果（单位：人）

图 17 在 600 米半径内，各建筑吸引周边建筑体量的 *Gravity* 可达性（以各座建筑的总建筑面积为权重；搜索半径 =600 米）

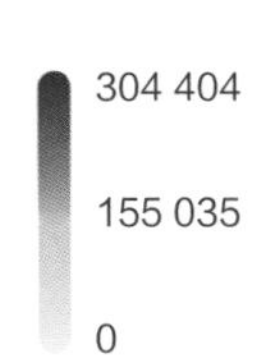

吸引周边建筑体量的 *Gravity* 可达性结果（单位：平方米）

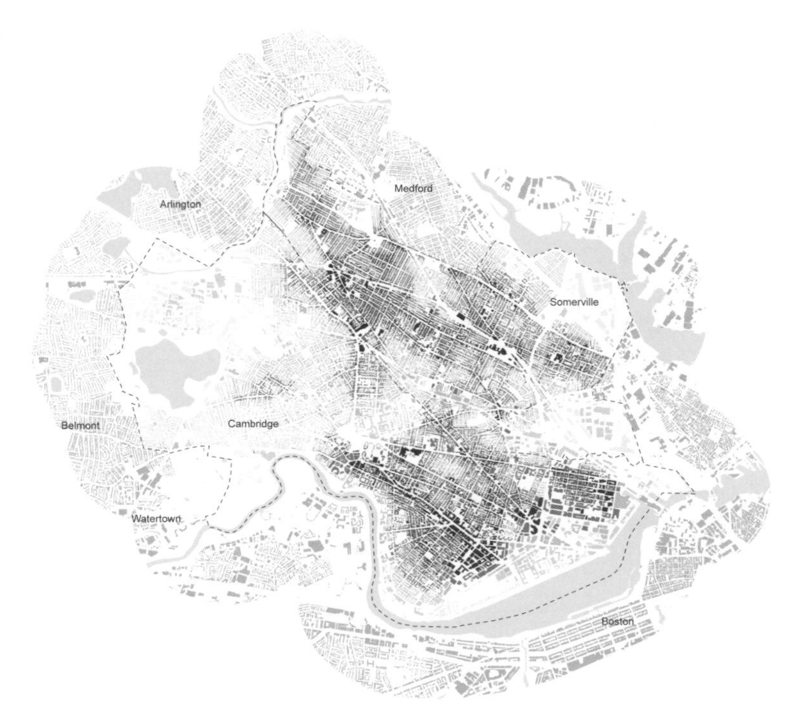

图 18 在 600 米半径内，各建筑抵达周边地铁站点的 *Gravity* 可达性（以可达的地铁站点数为权重；搜索半径 =600 米）

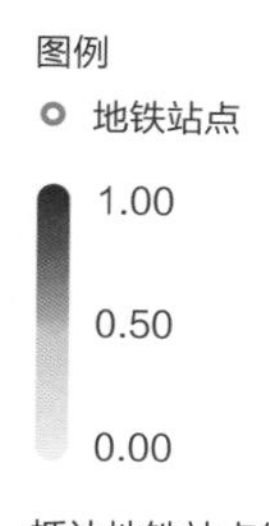

抵达地铁站点的 *Gravity* 可达性结果（单位：个）

端点所携带的权重值总和依然等于与这些点最近的那些建筑的 GFA 的总和。换句话说，简化后的空间分析单元携带的 GFA 权重总和不变。

此外，为了解释进出剑桥市和萨默维尔市的出行，我们也把权重赋给城市边界线与出城街道（或桥梁）的交点。这些权重值代表在两个城市的偏远地区，与各个出城街道距离最近的建筑的总面积（搜索半径为 1 千米）。为了计算这些权重，可以使用另一个常用的城市网络分析工具——*Closest Facility*（最近设施）工具。首先，提取城市边界线与道路（或桥梁）的交点；其次，给每座建筑匹配距其最近的交点，这样每个交点都能对应一组建筑；最后，统计各组建筑的总建筑面积，作为权重值赋给对应的交点。这一过程避免了在 *Reach* 或 *Gravity* 可达性指标分析中可能会发生的重复计算。这些含有权重值的交点被纳入最后的 *Betweenness*（中间性）分析。因此比起一座普通的建筑，这些作为入城或出城的“门户道路”会释放更多的出行量。*Betweenness*（中间性）分析结果表明了在每个潜在商店位置前经过的人流量估测值（图 19）。

为了控制所在场地的其他特征对统计分析结果的影响，我们也衡量了每座建筑所在的人口普查区的家庭收入中位数、房屋空置率、租户比例和老年人比例，道路宽度和建筑前的人行道宽度，还包括地块类型（表示该地块毗邻多少条街道）。如“位于街块中间的地块”毗邻一条街道，“位于街角的地块（其相邻的两条边临街）”或者一个“贯通型地块（其相对的两条边临街）”毗邻两条街道，“位于道路尽端的地块”毗邻3条街道，以此类推。此外，建筑的占地面积可以表征建筑类型。因为在剑桥市和萨默维尔市，占地小的建筑通常是木结构的建筑，而占地大的建筑通常是商业建筑或首层平面有商业空间的多层公寓。所有这些指标在一个回归模型中构成自变量，而二元因变量表示构成分析单元的14 218座建筑是（1）否（0）包括零售或餐饮设施。*Accessibility Indices*（可达性指数）、*Betweenness*（中间性）值以及场地特征都被用来预测在不同地点观测到的商业设施的概率。上述分析结果展示在表2中。

图19 从所有道路交叉口和道路尽端（起点）出发前往所有道路交叉口和道路尽端（终点）的 *Betweenness* 分析结果，分析以各个建筑体量（即总建筑面积）为权重

表 2 回归分析结果

在马萨诸塞州的剑桥市和萨默维尔市，零售和餐饮设施的选址变量的空间滞后模型（Spatial lag）的估测结果。二元因变量表示：每座建筑中是（1）否（0）存在零售或餐饮设施

变量	系数	*t* 和 *z* 值
ρ（lag）	0.28***	17.45
常数	-1.458E-01***	-12.85
地铁站点（Gravity，*r*=600米）	6.210E-02***	5.66
建筑总面积（Gravity，*r*=600米）	3.004E-09***	3.41
居民（Gravity，*r*=600米）	-6.686E-06**	-2.37
工作人口（非从事零售或餐饮，Gravity，*r*=600米）	9.813E-07	0.67
中间性（权重=建筑总面积，*r*=*n*）	3.254E-14***	10.38
地块类型（根据毗邻的街道数，分为1~5级）	8.477E-02***	32.45
建筑占地面积[单位：1 000平方英尺（92.9平方米）]	1.579E-07***	3.73
道路宽度	5.276E-04*	1.92
人行道宽度	2.418E-03**	2.36
%空置率	-1.324E-01~	-1.31
%超过60岁的人口比例	9.367E-02*	1.93
R^2	0.147	
空间相关性概率检测	313.720***	

Significance level（显著水平）
~ $p<0.25$
* $p<0.1$
** $p<0.05$
*** $p<0.01$

2.3.3 结果

表 2 显示了前文提到的区位、场地特征以及模型中的其他变量的回归系数。这些回归系数反映了这些变量是否能够解释以及如何解释建筑中出现零售或餐饮设施的概率。

Gravity（引力）可达性变量描述的情况非常有趣。地铁站点可达性的影响是显著且为正（$p<0.000\ 1$）的。控制其他变量恒定的前提下，在 600 米步行距离内拥有一个地铁站点的一般建筑比在 600 米步行距离内没有地铁站点的一般建筑容纳零售或餐饮设施的概率高 2%。如果该建筑在 100 米步行距离内拥有一个地铁站点，那么比 100 米内没有地铁站点的建筑高出 5% 的概率容纳零售或餐饮设施。正如预期的，零售或餐饮设施被地铁站点所吸引。它们的大部分顾客可能是乘坐公共交通来的，特别是在较大的商业集群如哈佛广场（其周边设哈佛广场地铁站）更符合上述情况。

周边建筑的可达性（以建筑总面积为权重）的影响也同样是正显著（$p<0.001$）。这句话的第一层含义是：假定围绕某一座建筑（起点），提取其 10 分钟步行距离（600 米）内的所有建筑（终点），计算后者（终点）的总建筑面积之和。如果这一值越大，那么在该建筑（起点）中存在零售和餐饮设施的概率越大。这句话的第二层含义是：在研究范围内存在的一座建筑，在其 10 分钟步行距离内的所有建筑的总建筑面积（或称

建成体量）在全局中的排序中高居第 95 个百分位；也存在一座建筑，对应值的全局排序低至第 5 个百分位。在控制其他变量恒定的前提下，前一建筑存在零售或餐饮设施的概率会比后一建筑高出 3.8%。

但让人惊讶的是，住宅可达性系数呈现的是负显著（$p<0.000\,1$）关系。这表明零售和餐饮设施倾向于分布在远离居民聚集的地方。在控制其他变量恒定的情况下，一个住宅可达性高的地点比起住宅可达性低的地点，前者出现零售或餐饮设施的概率会比后者低 2.1%。即使只考虑住宅的可达性（以居民数为权重），分析结果显示在剑桥市和萨默维尔市，住宅的可达性（以居民数为权重）与商店选址的关系也只是微弱的显著正相关。

住宅对于商店选址的影响与人们的直觉相反，这可能要用区划（zoning）来解释，即城市区划（zoning) 让商店和餐馆离开大多数居住区域。此外，住宅分布和就业（包括零售和餐饮工作）分布并非完全独立，即当更多的空间被就业场所占据，那么留给居住使用的空间将会越少；反之亦然。住宅可达性和其他可达性参数的相关性表明：住宅可达性与建筑可达性（以建筑面积为权重）强相关，且两者之间趋向于相互抵消。

此外，住宅可达性与商店选址负相关，也可能是由于该分析所使用的数据精度较高（建筑单体尺度）所致。当所用数据的尺度较为粗糙时，如人口普查区或邮政编码区层级的数据，那么结果会显示零售和餐饮设施实际上会被居民较多的地区所吸引。无论如何，就整体而言，地铁站点的可达性和建筑的可达性（以建筑总面积为权重）对商店和餐饮设施分布的影响是显著正相关的。

Betweenness（中间性）非常显著且正相关（t=10.38），这证实了：如果一些地点位于某些建筑之间人流量较大的路线上，那么在这些地点上出现零售或餐饮设施的概率会显著增高。假设有两个地点：一个地点的 *Betweenness*（中间性）值在全局中排序高达第 95 个百分位，另一个地点的 *Betweenness*（中间性）值排序低至第 5 个百分位。控制其他变量恒定的情况下，前者拥有商店的可能性比后者高出 5.88%。因此，这个分析表明：良好的零售区位不仅包括可达性高的地方，还包括能被更多人途经的地方。

2.3.4 应用

剑桥市和萨默维尔市的零售和餐饮设施的区位案例表明，城市网络分析的可达性指标（特别是 *Gravity* 指标）和 *Betweenness*（中间性）工具可以被用在空间分析模型中来解释或预测商业区位。有趣的是，该回归分析的一个附带好处是：它们也输出残差（residuals），即在实际数据点和最佳估测趋势线之间的正偏差或负偏差。拥有大的负残差的建筑指明了这样的地点：目前还没有商店，但模型预测该地点会有商店。这些地点可以帮助分析师为商业设施寻找新的潜在地点。另一方面，强正残差可以帮助分析师寻找这样的地点：商店存在且在运营，尽管所处的区位条件不好。

除了在这里阐述的可达性测度和一个 *Betweenness*（中间性）分析的特定应用，城市网络分析工具中的 *Accessibility Indices*（可达性指数）和 *Betweenness*（中间性）工具还可以用在不同起点、终点和“权重”的情境中，去探索其他空间可达性特征如何影响或解释商业（或其他土地使用类型）的分布模式。例如，本案例所介绍的方法也可以用来探究设计公司的区位模式、商业设施的聚集模式、经济适用房的选址模式等。在使用这一方法的时候，只需要对本案例中的方法做一些适当的调整。

下一章节将转向探讨城市网络分析工具，详细介绍该工具中所有的分析功能和对应的用户操作。

3. 下载和安装

哈佛设计学院设计课场地

3.1 下载

在安装城市网络分析工具之前，请确认你的电脑已经安装了犀牛软件（版本 5 或更高的版本），以及从 McNeel 进行了最近一次的更新。软件更新步骤：打开犀牛软件，点击“帮助—查看更新”菜单。

为了让城市网络分析工具能够正常工作，你需要使用犀牛软件，并且要在 Windows 操作系统上运行。你同时还需要在操作系统上安装 DotNet Framework 4.5.1 或更高级的版本(可以从 Microsoft 官方网站下载）。如果你使用的是 Windows 10 或更高版本的操作系统，那么 DotNet Framework 不需要额外的升级工作。

下载城市网络分析工具文件夹，请点击以下任一链接：

City Form Lab website: http://cityform.gsd.harvard.edu/projects/una-rhino-toolbox

http://cityform.mit.edu/projects/una-rhino-toolbox

Food for Rhino: http://www.food4rhino.com/app/urban-network-analysis-toolbox

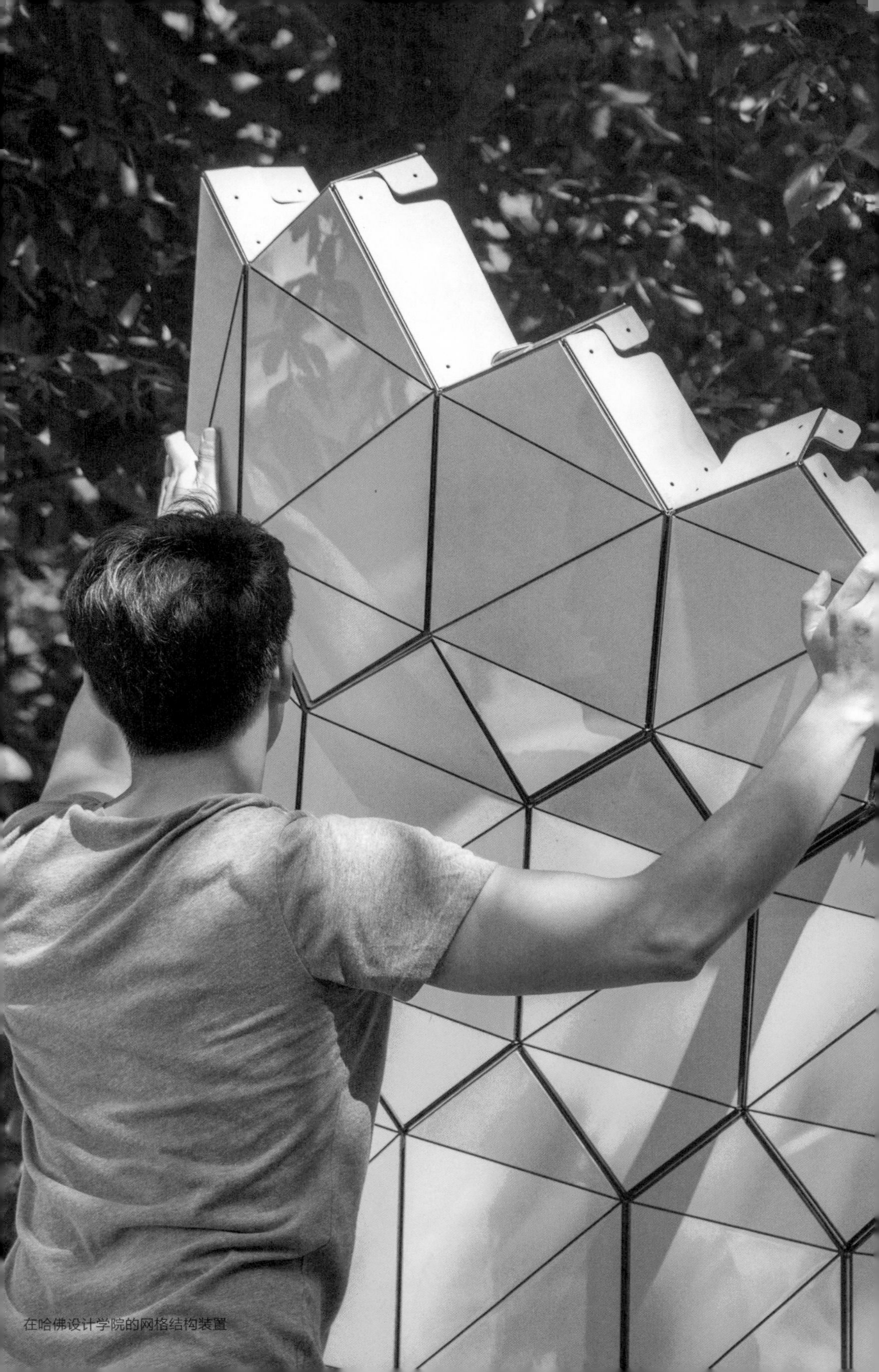

在哈佛设计学院的网格结构装置

3.2 安装

在下载下来的文件夹里，有一个名为“UNAToolbox.rhi”的文件。打开犀牛软件，把这个后缀名为 .rhi 的安装文件拖到犀牛软件窗口中。这是推荐的安装方法，也可以双击这个 .rhi 文件，然后按照提示安装。但需要注意，一些 McNeel 的更新会阻止 Windows 系统识别 .rhi 的安装文件。这是已知的犀牛软件的瑕疵，对此 McNeel 也已悉知。你可以通过以下两种方式安装城市网络分析工具：一，拖拽 .rhi 文件到犀牛软件的窗口中；二，让 .rhi 文件重新关联到以下电脑路径，C:\Program Files\Rhinoceros 5 (64-bit)\System\x64\rhiexec.exe。

软件安装完毕后，重新启动犀牛软件，点击“工具—工具栏”后打开新的窗口，确保勾选城市网络分析工具栏的勾选框（图 20）。然后单击“确定”按钮，关闭工具栏窗口。这时你会看到城市网络分析工具栏出现在了犀牛软件中（图 21）。

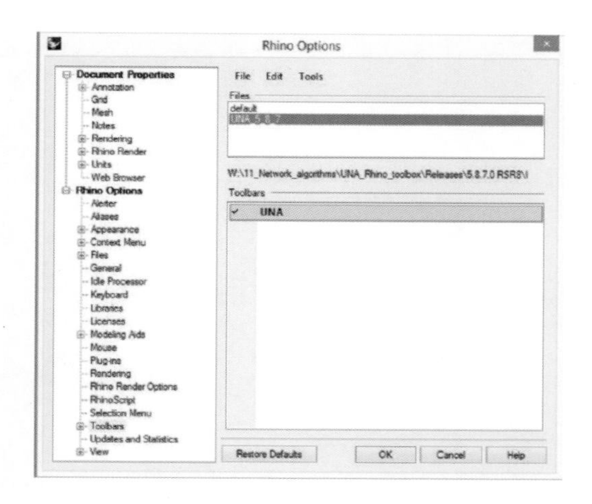

图 20 在犀牛软件选项窗口中添加城市网络分析工具栏

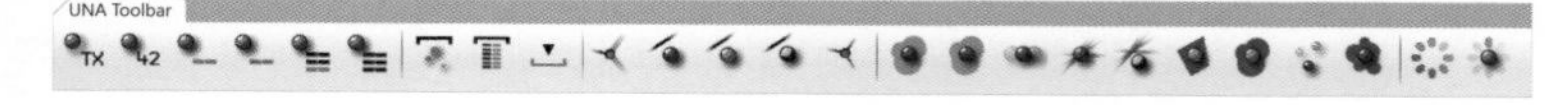

图 21 城市网络分析工具栏

这一工具栏包括了能在犀牛软件中进行城市网络分析的工具。使用者也可以通过犀牛软件的命令栏输入指令，来激活各个工具。城市网络分析工具通常以“una...”开头，后面跟着各功能所对应的工具名称。例如，在命令栏中输入“unaGraphics”，可以打开城市网络分析工具的 *Graphic Options*（图形选项）菜单。

4. 用户交互界面

位于香港九龙旺角的街道标识

4.1 操作属性

图 21 中的用户交互界面被分成 5 个部分。在工具栏中，这 5 部分在外观上被垂直的小线条分隔开来。它们分别是：属性编辑、数据导入 / 导出、网络建立、分析以及图形设置功能。

城市网络分析工具栏第一组工具（从左边开始的前 6 个）负责给物体对象赋上属性。在任何分析中，用户可以选择是否给对象赋上属性。在犀牛软件中，城市网络分析工具通过使用“属性”来给 *Origin*（起点）或 *Destination*（终点）对象赋上相应的信息，包括文本、数值或者标签。这些属性与 ArcGIS 的 shapefile 或 BIM 的几何文件中的属性表是相似的。一个对象可以有任意多个属性。然而，不同于其他一些软件平台，犀牛软件中的对象属性不是以表格的形式存储的，而是以字典的形式存储的，其中键指代的是属性名称，键值指代属性值。属性可以是数值的，也可以是文本的，或者是布尔运算。给不同的空间对象赋上独特的属性，以对应它们的真实情况或设计特性，可以让你区分不同的空间对象。

4.1.1 添加文本型属性

在犀牛软件中，通过“添加文本型属性”工具（图 22）可以给几何对象赋上文本属性。例如该工具可以给对象赋上商业名称，也可以赋上“A”“B”或“C”以显示对象所处的卫生等级等。输入的文本属性也可以是 ID 名称、地址或其他描述性的字段。只有数值型的属性才能在城市网络分析工具 [如 *Accessibility Indices*（可达性指数）、*Betweenness*（中间性）、*Closest Facility*（最近设施）或者 *Patronage*（客流量）] 中用作权重，而文本属性在这些分析工具中是无法用作权重的。

图 22 添加文本型属性工具

Add Text Attribute（添加文本型属性）工具可以让你一次性选择一个或多个对象，然后提示你输入一个属性 Name（名称）和属性 Text（文本）。所选择的 Name（名称）是个字典键，这与表格中的列名称是相似的。Name（名称）不能包含空格。Text（文本）是与属性对应的值（如字典值或表格中的各行的数值）。

4.1.2 添加数值型属性

图 23 添加数值型属性工具

添加数值型属性工具（图 23）可以让你在犀牛软件中给对象添加数值型属性。对于空间网络分析而言，数值型属性特别有用，因为它们允许你根据每个对象所包含的数值对分析结果施加权重影响。例如，一个数值型属性可以用来表示一座建筑的“楼层总数”、一个空间的“面积”、一个商业设施中的“雇员总数”等。这个工具可以让你一次性选择一个或多个需要输入属性的对象，然后提示你输入一个属性 Name（名称）和一个属性 Weight（权重）。

你所选择的 Name（名称）是个字典键，这与表格中的列名称是相似的。Name（名称）不能包含空格。Weight（权重）是与属性对应的数值（如字典值或表格中各行的数值）。所输入的数值可以是整数、小数、负数或正数。

4.1.3 添加标签型属性

图 24 添加标签型属性工具

添加标签型属性工具（图 24）可以让你给所选的对象添加标签。标签是布尔描述，只有“True”或“Null”两种值。例如，给一个点赋上一个标签名称“建筑”，则在该对象的属性中会显示一个值“Building=True”，而不会有文本或者数值。

选择对象后，该工具会提示你在命令行里输入一个标签 Name（名称）。标签名称须包含文字，且不能只包含数值。

4.1.4 移除对象的属性

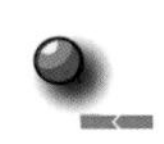

图 25 移除对象属性工具

移除对象属性工具（图 25）可以让你移除所选对象先前所添加的属性。如果你选择场景中的所有对象，然后应用这个工具，那么所有对象将会失去你此前指定的文本属性、数值属性或标签名称。

选择对象后，该工具会通过询问“Pick or type attribute name (AttributeName=...)”（选择或输入属性名），来提示你输入需要删除的属性名称。你可以输入你想要移除的属性名称，或者点击 AttributeName 的链接来选择属性名称。需要注意的是，你不能移除 GUID 这一属性，因为这是每个对象独一无二的 ID，它是由犀牛软件自动指定的。

4.1.5 保存结果并将其作为权重

Accessibility（可达性）和 *Betweenness*（中间性）的分析结果默认只显示在屏幕上，而本小节讨论的保存结果为权重的工具（图 26）可以让你将 *Accessibility*（可达性）和 *Betweenness*（中间性）的分析结果保存到对象的属性中，同时还能给分析结果定义一个名称。

图 26 保存结果为权重的工具

为了使用这个工具，你需要选择点对象，这些点对象包含计算结果。需要注意的是，如果你运行完分析后，关闭原始的点对象所在的图层，那么缓存里的分析结果依然会以带颜色的点的形式显示在屏幕上，但是你无法选中这些带颜色的点。你需要开启原始点的所在图层，才可以选中它们。

一旦你选中这些附带分析结果的点，城市网络分析工具的命令栏就会提示你：通过点击“Result=...（结果 =...）”，选择一个“Weight name（权重名称）”，指定需要保存的分析结果。例如，如果你想保存 *Gravity* 可达性分析结果，那么就在命令行中点击“Result=...”，接着点击“Gravity”。

对于不含分析结果的点，命令行中的“UseDefault=*Off*”选项可以让你开启或关闭这些点的默认值。例如在 *Gravity* 可达性分析中，有些点可能因为位于所指定的 Search Radius（搜索半径）范围之外（即不在分析范围内）而没有任何分析结果。在这样的情况下，如果你保持“UseDefault=*Off*”，那么这些点的 *Gravity*（引力）值将是空白的。如果你开启“UseDefault=*On*”，那么你可以通过在命令行“DefaultValue=...”选项中输入一个值，来给没有分析结果的点指定一个默认值。例如，如果你想给所有没有分析结果的点赋上一个值“0”（而非默认的空白），那么你可以输入“DefaultValue=*0*”。

如果现有的值和需要保存的值有相同的名字，那么“Override=*On*”（覆盖 = 开启）选项可以让你决定是否用需要保存的值去覆盖现有的值。

最后，为了给保存的权重值指定一个名字，你只需要在命令行选项后面输入名字即可。好的命名方式可以帮助你回忆此前分析中所使用过的参数。例如使用 3 000 米半径和 0.002 的 *beta* 值运算出来的 *Gravity*（引力）可达性结果，可将它命名为“Gravity_3000m_b002”，或者用其他相似的命名。

4.1.6 显示属性树

图 27 显示属性树工具

显示属性树工具（图 27）可以让你查看对象所包含的属性。属性是以树状结构呈现的，显示了属性名称、数值类型（例如字符串、双精度和整型等）以及属性值。需要注意的是，犀牛软件中的几何对象自动携带一个独一无二的 GUID。在任何对象的属性树中，你看到的第一个属性就是 GUID。图 28 显示了一个点的 *Attribute Tree*（属性树），其中包括一个 GUID、一个名为“Name”的文本属性（含一个“Willow_Ave”的属性值）、一个名为“Area”的数值属性（含一个“13 106.597 2”的属性值）和一个名为“Available”的布尔标签（含一个“True”的属性值）。

“Load Selected”（加载所选）按钮可以让你提取被选中的对象的属性。点击“Load（加载）”按钮后，犀牛软件窗口中会罗列出所有对象的属性。需要注意的是，如果你有很多对象，那么这个列表会很长且不便于查看。因此只加载选中的对象的属性，通常会更加切实可行。

图 28 属性树

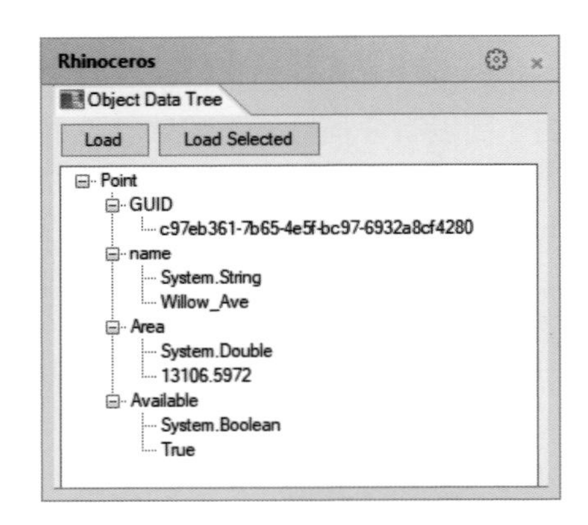

新加坡吉宝码头

4.2 导入和导出功能

工具栏的“导入和导出功能”工具能让你从城市网络分析的对象中导入和导出数据到 .csv 或者 .tsv 文件，以便用于其他软件如 Excel、ArcGIS、Python 等。

4.2.1 导入点

Import Points（导入点）这一工具（图 29）可以将带有属性的 *Origin*（起点）或 *Destination*（终点）从 Excel、其他文本文件、表格文件或 GIS 的 shapefile 文件导入犀牛软件中。你所导入的表格需要包括 *X* 坐标、*Y* 坐标以及 *Z* 坐标（*Z* 坐标可以选择忽略），这些坐标值将被用来在犀牛软件中绘制点。原始表格中的其他属性列也会被导入犀牛软件中，作为点的属性。

图 29 导入点的工具

需注意的是，表格中列的命名存在一些限制，这些限制是为了让犀牛软件能够将它们识别为属性名称。列名称中的空格会被自动忽略（例如“My Name”会变为“MyName”）。列名称中第一个字符如果是下画线“_”，那么下画线会被自动删除。列名称可以包含数值，但是不能全部是数值。有一些名字已经被城市网络分析工具的内部程序占用，例如“none”和“count”就不能用于命名列名称。

命令行会提示选择几种选项。“Format=tsv”选项表明：导入的文件必须是 .tsv 格式（制表符分割值格式）。把带有点坐标的表格存储为 .tsv 格式文件的常见方法是：首先用 Excel 把表格存储为以“文本文件（制表符分隔）*.txt”为扩展名的文件，然后关闭 Excel 文件，前往文件存储的位置，并手动将文件的扩展名“.txt”重命名为“.tsv”。最后忽略 Windows 系统关于重命名的警告。

对于一些 Windows 系统的使用者而言，通常的文件扩展名如“.txt”默认被隐藏起来。为了重命名扩展名，你首先需要将文件的扩展名设置为可见，在 Windows 文件资源管理器中，点击“查看”选项，勾选“文件扩展名”。

在文件资源管理器中点击“View（查看）”按钮，然后点击“Option（选项）”按钮 [或者点击“Option（选项）”的下拉菜单，然后点击“Change foler and search options（更改文件夹和搜索选项）”，见图 30。

在“Folder Options(文件夹选项)”窗口上方点击“View(查看）”按钮，在下方取消勾选“Hide extensions for known file types（隐藏已知文件类型的扩展名）”，点击“OK（确定）”按钮，见图 31。

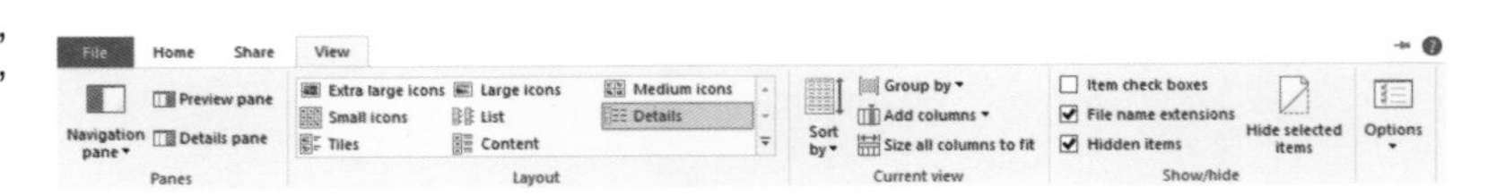

图 30 在“查看”标签中点击“选项”按钮

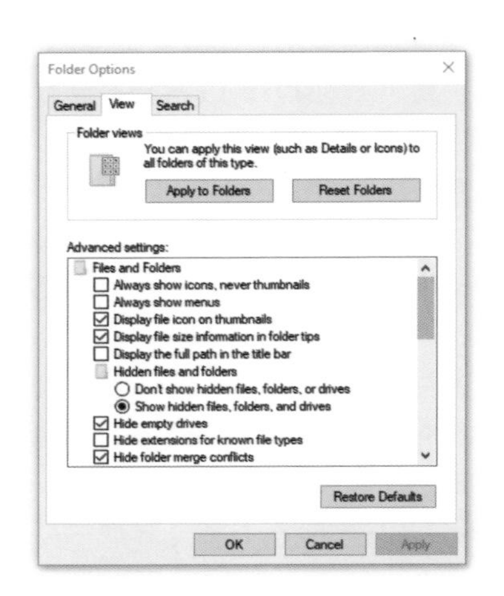

图 31 在“文件夹选项”中修改查看设置

这个 .tsv 文件的保存过程最好是在 Windows 版的 Excel 中完成。Mac 版本的 Excel 会给“文本文件（制表符分隔）*.txt”分配一个不同的编码，这取决于所使用的 Excel 版本。这会导致储存在 Mac 上的“文本文件（制表符分隔）*.txt”文件无法被犀牛软件读取，即使文件扩展名更改为“.tsv”也无法被读取。

如果这个问题发生了，那么使用一个应急方法依然可以恰当地把 Mac 版本的 Excel 表格转化为“文本文件（制表符分隔）.*txt”，继而转化为 .tsv 文件。这个方法是：使用一个免费的文本编辑器，例如 Notepad++，把 Mac 的编码转化为 Windows 编码。下载并安装 Notepad++，并在 Notepad++ 中打开你在 Mac 版本中 Excel 保存的“文本文件（制表符分隔）.*txt”文件，然后点击“Edit（编辑）”一点击“EOL Conversion（EOL 转换）”一将选项设置为“Windows（CR LF)”，关闭 Notepad++ 中的文件，然后重命名文件的扩展名，将“.txt”改为“.tsv”。如果你打开 Notepad++ 的“Save As(另存为）”对话框，Notepad++ 也可以让你直接把文件保存为扩展名为 .tsv 的文件。

Import Points（导入点）工具在命令行中提供了多个选项。点击“File（文件）”选项，可以前往你想要导入的“.tsv”文件的位置。工具栏中的“Atributes=*On*（属性 = 开启）”选项可以指示城市网络分析工具在导入点的时候，点是否附带标签。若 Attribute=*Off*（属性 = 关闭），则点在犀牛软件中生成时不会附带从文本文件中包含进来的任何标签。

工具栏中的“Weight=...(权重 =...)”选项表示在导入点时，是否包含数值型属性。工具栏中的“Text=...（文本 =...）”选项表示在导入点时，是否包含文本型属性。工具栏中的“InvalidCoordinate=...（无效坐标 =...）”选项表示在导入点的过程中，系统决定如何处理无效的 *X*、*Y* 或 *Z* 坐标。默认选项是把无效的坐标设置为 0。

一旦这些都输入完毕，按下键盘上的回车键。命令行要求你指示：在输入的表格中，哪个字段包含 *X* 坐标值，哪个字段包含 *Y* 坐标值以及哪个字段包含 *Z* 坐标值。点击每个坐标，指定导入表格中相应的列标题。需要注意的是：*Z* 坐标是可以忽略的，但是 *X* 和 *Y* 坐标是必须要有的。

在操作过程中，需关注度量单位。如果犀牛软件的绘制单位是“米”，则导入的 *X* 和 *Y* 坐标也同样需要使用“米”为单位，这样才能让生成的点落在准确的位置上。若犀牛软件的绘制单位是“英尺”，那么导入的 *X* 和 *Y* 坐标也同样以“英尺”为单位。

对于从 shapefile 中导入的点，为其生成 *X* 和 *Y* 坐标的通常方法是：在 ArcGIS 软件中使用 *Calculate Geometry*（计算几何）功能。详情请参见 ESRI 的支持网站：http://desktop.arcgis.com/en/arcmap/10.3/tools/data-management-toolbox/add-geometry-attributes.htm。

4.2.2 导入表格

导入表格工具（图 32）可以让你导入由属性值构成的表格，这些属性将会基于点对象的 GUID（犀牛软件指定的对象 ID）添加到现有的点对象中。这个工具可以把犀牛软件之外的其他软件（如 Excel）所创建的新的属性数据添加到犀牛软件里的对象中，由此你可以利用其他软件的强大的公式、查询功能和

图 32 导入表格工具

计算工具，而这些是犀牛软件所无法提供的。

在犀牛软件中，所有对象都包含一个自动指派的GUID，这是一个由36个字符构成的独一无二的ID，例如“6a09b867-3cf1-402e-a7fd-31008e4ddf5f”。当你使用城市网络分析工具栏的*Export*（导出）工具（下文将谈到）时，GUID总是伴随着对象一起导出。在表格中，只要你保持GUID不改变，无论你是添加、减少或是编辑其他数据列，你都可以把新的属性导回到犀牛软件中。新的数据会合并到相同的对象中，这些对象的GUID和你此前导出对象时所携带的GUID是相对应的。你可以通过以下二选一的方式，查看犀牛软件中对象的GUID：一是查看物体属性中的详细信息；二是使用城市网络工具中的“*Show Attribute Tree*（查看属性树）”功能。

命令行中的“Format=...（格式=...）”选项可以让你选择导入的表格是“.tsv”格式还是“.csv”格式。这两种格式都是可以的。需要注意的是：Excel可以把表格保存为“.csv”格式，而不需要再进行文件扩展名的重命名；但是当你使用“.tsv”格式的文件时，则需要进行扩展名的重命名。

“File（文件）”选项能让你定位到需要导入的文本文件。

“Update=*All*（更新=所有）”选项决定的是：导入表格后，是更新所有对象的属性，还是只针对选中的对象进行更新。

“Override=*Off*（覆盖=关闭）”选项决定的是：在犀牛软件中已经存在的对象属性是否被所导入的具有相同名称的属性替换。例如，如果你已经有一个名为*Reach*的属性，该属性赋在一个点图层上；当导入的表格也包含一个名为*Reach*的属性字段时，如果你设置了Override=*On*（覆盖=开启），那么犀牛软件中的*Reach*属性值会被所导入表格的新*Reach*属性值覆盖替换。

4.2.3 导出

Export（导出）工具（图33）可以让你把城市网络分析工具中的现有对象属性导出到表格。这些属性包括城市网络分析工具的分析结果（例如*Accessibility*和*Betweenness*等）以及你在犀牛软件中手动创建的或从其他表格导入的文本属性、数值属性或标签属性。导出的信息是以表格的形式存储的，可以保存到一个指定的文件位置，或者复制到剪贴板。如果你选择复制到剪贴板，那么你可以随后把复制的结果粘贴到其他软件中，如Excel或文本编辑器中。这个工具在命令行中提供了以下选项。

图33 导出工具

“Format=*tsv*（格式=tsv）”选项决定的是：输出的表格以

何种格式储存，默认的是制表符分割值（tsv）格式，它比较容易与 Excel 兼容。但如果你点击这一选项后，会开启以下可能的表格导出格式：制表符分割值（tsv）、逗号分割值（csv）、分离器分割值（ssv）以及 Geojson 格式。

"Export type=*Memory*（导出类型 = 存储）"选项能让你选择：表格是导出到新的文件，还是存储到剪贴板。如果你选择"File（文件）"，则它会提示你指定一个存储文件的位置。

"Points=*Include*（点 = 包含）"选项决定：导出的表格是否附带点的属性。它默认是处于开启状态。通常情况下，导出功能被用来简单地导出城市网络分析工具中的 *Origin*（起点）、*Destination*（终点）或 *Observer*（观测点）对象所附带的分析结果。

"Curves=*Exclude*（曲线 = 排除）"选项决定：导出的表格是否附带曲线的属性，它默认是处于关闭状态。尽管属性可以被添加到曲线对象上，但城市网络分析工具不能计算任何曲线对象的分析结果。*Betweenness*（中间性）工具可以在曲线层面显示结果，但这只是近似值，即各端点所附带 *Betweenness*（中间性）分析结果的平均值，而这是无法被导出的。

"Results=*Exclude*（结果 = 排除）"选项决定的是：还未被保存为权重值的城市网络分析的分析结果，如 *Accessibility*（可达性）或者 *Betweenness*（中间性）结果是否包含在导出的表格中。该选项默认是关闭的；但如果开启，它会让最近一次的分析结果直接导出，而不需要先将分析结果保存为权重值。

"Attribute=*Include*（属性 = 包含）"选项决定的是：已经保存的对象属性（但不是最近一次的分析结果）是否包含在导出的表格中。它默认是处于开启状态。

"Type=*Exclude*（类型 = 排除）"选项决定的是：对象的类型是否也包含在导出的表格中。这可以用来区分点和曲线。这个选项默认是不包括。

"Coordinates=*Exclude*（坐标 = 排除）"选项决定的是：导出对象的 *X*、*Y* 和 *Z* 坐标是否也需要导出。如果处于开启状态，那么导出的点和它们的属性数据可以一起通过表格信息在其他的软件中重新生成点对象。这些软件包括如 ArcGIS、CartoDB、OpenStreetmap、MapBox、Proccessing 等。"EPSG=*3857*"选项可以设置生成 *X*、*Y* 和 *Z* 坐标的坐标系统。该选项默认使用"WGS84/Web Mercator—Spherical Mercator"投影系统，该投影系统通常被用在 Google Maps、OpenStreetMap、Bing 和 ArcGIS 中。

哈佛大学 Gund Hall 背面的步行路径

4.3 网络的生成和编辑

接下来，我们转向讨论一组工具。这组工具可以让你构建空间网络，也可以让你添加或移除网络上的 *Origin*（起点）和 *Destination*（终点）以及删除网络。

4.3.1 从网络上添加/移除曲线

基于犀牛软件平台的城市网络分析工具对于任何网络分析都要求输入至少两个几何数据：首先是一个分析网络，所有出行的计算都是基于这一分析网络进行的；其次是 *Origin*（起点）和 *Destination*（终点），它们指示运动的起始和结束。添加 / 移除曲线的工具见图 34。

图 34 添加 / 移除曲线的工具

Add Curves to Network（添加曲线到网络）工具会提示你选择你想用来构建网络的曲线。选择所有你想要加入网络的曲线，按下回车键，这一操作会自动把所选的曲线变成一个网络，并构建一个用于分析的邻接矩阵。

需要注意的是：通过鼠标左键单击这个工具后再选中曲线，可以添加曲线到现有的网络中。如果有一些曲线已经是现有网络的一部分，那么这些曲线的 GUID 会被识别，于是曲线不会被重复添加。另外，通过鼠标右键单击这个工具后再选中曲线，你可以从现有的网络中移除曲线。

为了让城市网络分析工具能够正常工作，网络曲线需要在你所分析的 *Origin*（起点）和 *Destination*（终点）之间提供连续性（图 35）。如果你的网络曲线没有共同的端点，那么不同的网络曲线段上的起点和终点可能没有拓扑关系上的联系。如果一个曲线在另一条曲线上终结，但是后者在两条曲线相交的位置没有节点（例如不存在共同端点的 T 形交叉口），那么在两条曲线之间也没有拓扑连续性。没有共同端点的相交曲线可以用来模拟三维的高架道路或地下通道。

这个工具可以接受任何形式的曲线来构成网络，如直线、多段线、曲线、弧线等。由这些曲线构成的网络可以是平面的（二维的）或三维的，只要相邻的曲线之间有共同的节点。在城市环境中展示街道和建筑的网络，二维网络可能就足够了；三维

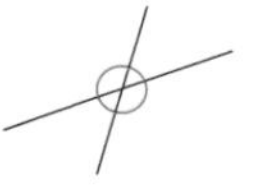

交叉处没有节点：2 条曲线之间不存在连续性

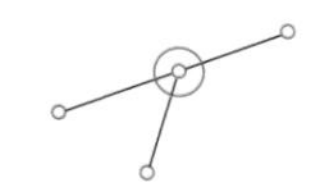

交叉处有 1 个节点：2 条曲线之间不存在连续性

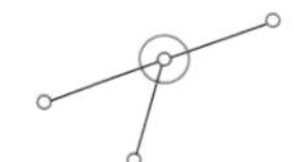

交叉处有 3 个节点：3 条曲线之间存在连续性

图 35 曲线之间的节点和连续性

网络则可以用来分析建筑内部或多层城市基础设施体系中的流线系统和布局。

为了在视觉上看得更清楚，城市网络分析工具中的 *Graphic Options*（图形选项）中的默认设置会用小的黑色叉号，来可视化网络中的尽端或“裸边”（图 36）。你可以在 *Graphic Options*（图形选项）中，通过关闭 Nodes（节点）来关闭这些黑色叉号。这些黑色叉号可以可视化你的网络中可能包含拓扑错误的地方。例如，在图 36 中，从上面数下来的第一个和第二个交叉位置存在拓扑问题。在第一个交叉位置，绘制了一个黑色叉号，表明该交叉点周围一条或多条曲线存在尽端，且曲线在该处互不联系。在第二个交叉位置，显示了一个红色数值“2”以示警告。这个警告也可以通过 *Graphic Options*（图形选项）中的 NodeD2 设置，进行开启或关闭的切换。这个警告让我们发现“2 度”节点，即在这个节点的位置刚好有两条曲线相交。在此例中，这个“2 度”节点表明两条多段线在此垂直相交，而非 4 条线段共用该节点。

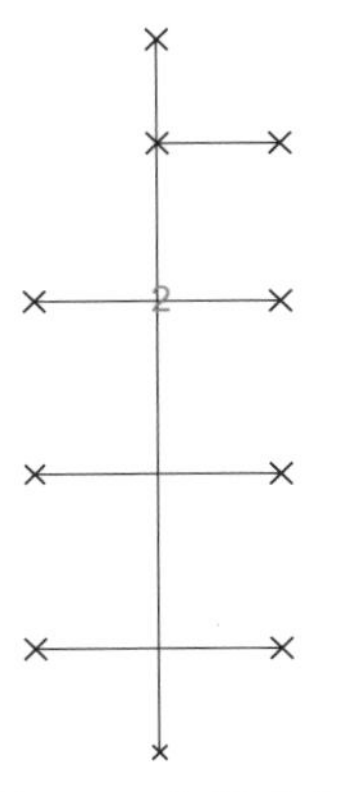

图 36 一个“2 度”节点的地方恰有两条曲线相交

4.3.2 添加/移除起点

Add Origin（添加起点）这一工具能把出行路线上的 *Origin*（起点）添加到网络上。和构建网络线条一样，用鼠标左键单击该工具，则是添加 *Origin*（起点）；用鼠标右键单击该工具，则是移除 *Origin*（起点）。添加 / 移除起点工具见图 37。

图 37 添加 / 移除起点的工具

所有网络分析功能都要求具备 *Origin*（起点）和 *Destination*（终点），这两者可以指定任何特殊的地点，例如地址点、建筑、入口、一座建筑里的房间，甚至是公共设施或基础设施网络中的某些位置，如机场和站点等。通常情况下，计算后的分析结果会赋给 *Origin*（起点）或 *Destination*（终点）（有时是观测点），具体赋给哪类点，则取决于所使用的城市网络分析工具。举个例子，*Accessibility*（可达性）的分析结果如 *Reach* 或 *Gravity* 值总是反馈给 *Origin*（起点），而 *Closet Facility*（最近设施）的结果则是反馈给 *Destination*（终点）。

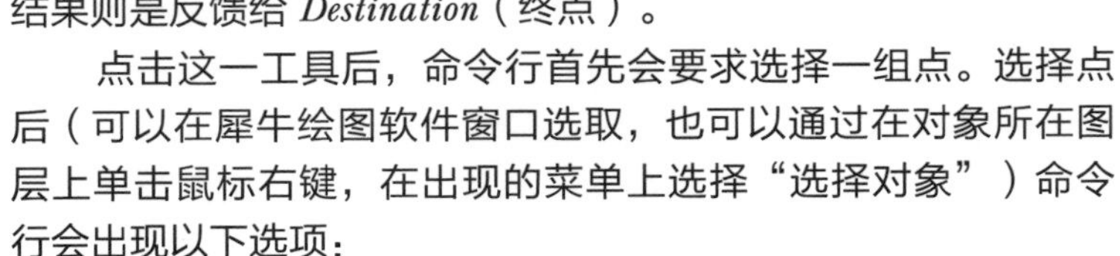

点击这一工具后，命令行首先会要求选择一组点。选择点后（可以在犀牛绘图软件窗口选取，也可以通过在对象所在图层上单击鼠标右键，在出现的菜单上选择“选择对象”）命令行会出现以下选项：

Press Enter to add origins to network

（Search=*2D* SavedEdges=*On*）:

“Search=*2D*（搜索 = 二维）”选项决定的是所添加的点是在二维（默认）还是三维的空间上附着到网络上。对于平面上的网络，其所有的网络连接都在相同的层面上（正如许多城市街道网络数据集）。对于这样的平面上的网络，建议使用2D（二维），因为其相比于3D（三维）运行速度更快。当使用三维网络时，例如建筑的流线网络或者多层次的城市网络，则Search（搜索）选项应设置为3D（三维）。

SavedEdges=*On*（保存边 = 开启）选项可以让你查看一个点是否有一条保存边（该点被指定与这条边相连）。通过命令行使用 *UnaBindEdge* 功能查看，一个点有可能与网络上某条特定的边相关联，且这条边不一定就是距离该点最近的边。如果在绘图文件中，一个点不存在这样的指定边作为参照，那么这个点通常与距其最近的边关联。你通常可以忽略这个选项的输入。

一旦你添加了起点，每个点就会被蓝色的连接线关联到其最近的网络元素上，如图38所示。这条蓝色连接线与网络相交的地方代表的是起点的假想网络位置。你可以在 *Graphic Options*（图形选项）中通过点击 DotConnections=*On* 选项，切换蓝色连接线的关闭或开启模式。

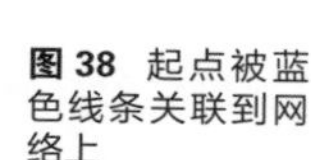

图38 起点被蓝色线条关联到网络上

4.3.3 添加/移除终点

Add Destinations（添加终点）这个工具可以把出行路线的 *Destination*（终点）添加到网络上。添加 / 移除终点工具如图39所示。用鼠标左键单击该工具，则是添加 *Destination*（终点）到网络；用鼠标右键单击该工具，则是从网络上移除 *Destination*（终点）。添加 / 移除终点工具的使用方法和选项内容与上述的添加 / 移除起点工具相似。

图39 添加 / 移除终点的工具

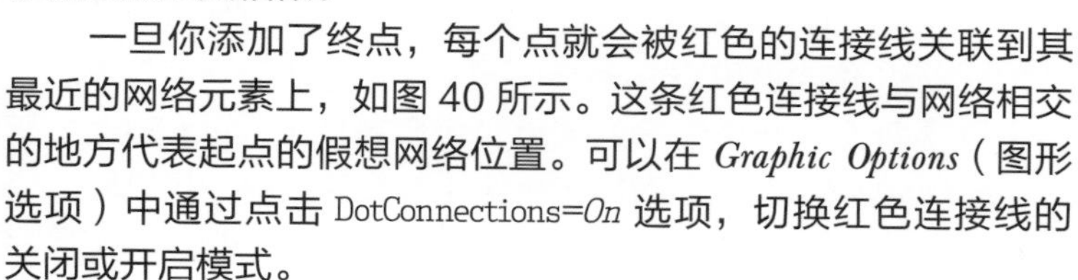

一旦你添加了终点，每个点就会被红色的连接线关联到其最近的网络元素上，如图40所示。这条红色连接线与网络相交的地方代表起点的假想网络位置。可以在 *Graphic Options*（图形选项）中通过点击 DotConnections=*On* 选项，切换红色连接线的关闭或开启模式。

图40 起点被红色线条关联到网络上

4.3.4 添加/移除观测点

图 41 添加 / 移除观测点的工具

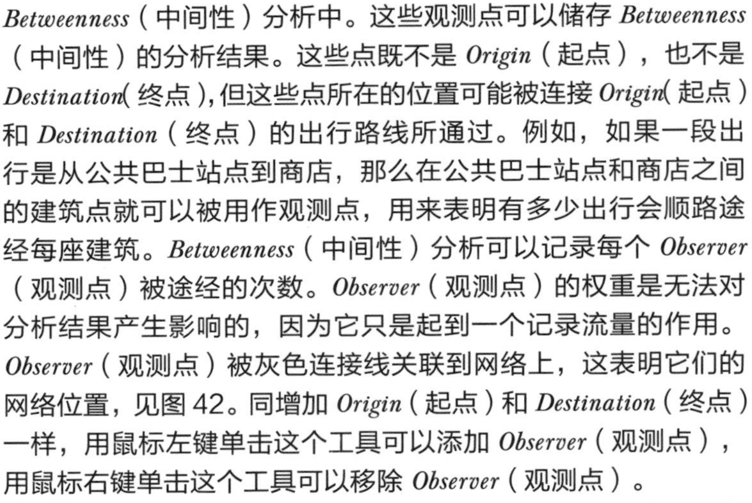

图 41 为添加 / 移除观测点工具。*Observer*（观测点）只用在 *Betweenness*（中间性）分析中。这些观测点可以储存 *Betweenness*（中间性）的分析结果。这些点既不是 *Origin*（起点），也不是 *Destination*（终点），但这些点所在的位置可能被连接 *Origin*（起点）和 *Destination*（终点）的出行路线所通过。例如，如果一段出行是从公共巴士站点到商店，那么在公共巴士站点和商店之间的建筑点就可以被用作观测点，用来表明有多少出行会顺路途经每座建筑。*Betweenness*（中间性）分析可以记录每个 *Observer*（观测点）被途经的次数。*Observer*（观测点）的权重是无法对分析结果产生影响的，因为它只是起到一个记录流量的作用。*Observer*（观测点）被灰色连接线关联到网络上，这表明它们的网络位置，见图 42。同增加 *Origin*（起点）和 *Destination*（终点）一样，用鼠标左键单击这个工具可以添加 *Observer*（观测点），用鼠标右键单击这个工具可以移除 *Observer*（观测点）。

图 42 观测点被灰色线条关联到网络上

需要注意的是：当 *Origin*（起点）和 *Destination*（终点）位于同一条边的时候，*Observer*（观测点）就会变得尤其关键。*Observer*（观测点）的 *Betweenness*（中间性）分析结果是精确值，但是边线的 *Betweenness*（中间性）分析结果是近似值，即选取每个边的端点的 *Betweenness*（中间性）值取平均数。因此，当 *Origin*（起点）和 *Destination*（终点）位于网络同一条边的时候，边线的 *Betweenness*（中间性）的值会低估出行量。

添加 / 移除观测点工具的使用方法和选项内容与上述的添加 / 移除起点（或终点）工具相似。

4.3.5 删除网络

删除网络工具见图 43。这个工具可以用来删除你此前在犀牛软件中添加的整个网络信息，包括所有的网络、*Origin*（起点）、*Destination*（终点）和 *Observer*（观测点）。删除了网络信息后，你可以重新设计一个干净的网络，包含新的 *Origin*（起点）和 *Destination*（终点）。所有的分析结果都会从内存中被删除。只有那些已经被用 *Save Result as Weight*（存储结果为权重）工具存储到对象属性中的分析结果才会被保留下来。

图 43 删除网络的工具

在 ETH Zurich（苏黎世联邦理工学院）进行的城市网络分析工作坊

4.4 分析工具

城市网络分析工具栏中的分析工具具有能产生网络分析结果的重要功能。这组工具包括 *Accessibility Indices*（可达性指标）工具、*Service Area*（服务范围）工具、*Redundant Paths*（冗余路径）工具、*Betweenness/Patronage Betweenness*（中间性 / 客流中间性）工具、*Closet Facility*（最近设施）工具、*Find Patronage*（寻找客流量）工具、*Distribute Weights*（分配权重）工具以及 *Clusters*（集群）工具。

4.4.1 可达性指标

Accessibility Indices（可达性指标）工具（图 44）能够在已经添加的网络 *Origin*（起点）和 *Destination*（终点）之间启动可达性计算。城市网络分析工具软件可以计算 3 种不同的可达性指标——*Reach*，*Gravity* 和 *Straightness*。这 3 种指标各自提供了一种独特的和互补的方式来分析一个网络上的起点和终点之间的空间关系。这 3 种指标的计算结果都会反馈给起点。

如果要对分析施加权重影响，则权重值被赋到 *Destination*（终点）的对象上。例如，如果你想要分析从建筑到地铁站点的可达性，那么建筑就应该被用作 *Origin*（起点），地铁站点被用作 *Destination*（终点）。你可以选择给每个地铁站点赋上一个数值属性的权重，用以表明每个站点在一小时内可以服务多少地铁线路或者列车。

图 44 可达性指标工具

一旦这个工具开始运行起来，命令行的消息会要求你选择分析所用的 *Origin*（起点），或接受之前选择过的 *Origin*（起点）。如果接受之前选择过的起点，则系统会自动发现你此前已经添加到网络上的所有的 *Origin*（起点）。如果你希望继续使用它们用作本次分析，那么只需要按下回车键，接受之前选择过的 *Origin*（起点）。如果你希望只是选择一部分点用作分析，那么选中你想要包括进来的 *Origin*（起点）。所有的可达性分析结果的计算将针对你选择的点进行。选中的 *Origin*（起点）将会临时显示为蓝色的叉号（图 45）。

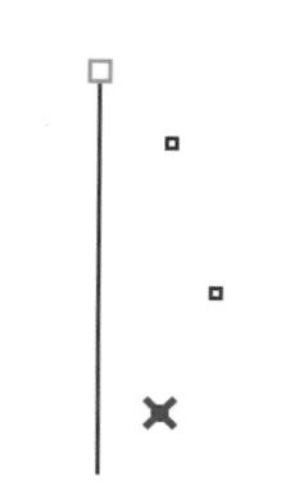

图 45 起点以蓝色的叉号标注

接下来，这个工具会提示你用同样方法选择 *Destination*

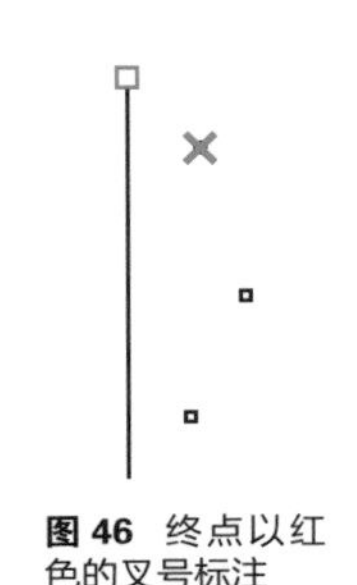

图 46 终点以红色的叉号标注

（终点）。选中的 *Destination*（终点）会用红色的叉号进行标记（图 46）。你选择了起点和终点后，命令行将会提示你进行一系列的选项操作。

Search Radius <600> (Reach=*On* Gravity=*On* Straightness=*On* Weight=*Count* Beta=*0.004* Alpha=*1*):

Search Radius（搜索半径）的输入值定义了网络半径，用于计算你所选择的可达性测度。对于每个 *Origin*（起点）而言，只有这样的 *Destination*（终点）才会被纳入分析，即其距离 *Origin*（起点）的最短网络距离小于所定义的搜索半径。搜索半径单位遵循绘图单位，如果你的绘图是以米为单位，则搜索半径也同样以米为单位。处于激活状态的搜索半径选项会显示在命令行提示的最初阶段，你可以通过在命令行输入一个新的数字来改变搜索半径。

接下来，你会看到 3 个可达性指标，你可以从中选择哪些需要包含在你的分析结果里：

Reach=*On* 选项，可开启或关闭 *Reach* 分析；

Gravity=*On* 选项，可开启或关闭 *Gravity* 分析；

Straightness=*On* 选项，可开启或关闭 *Straightness* 分析。

可通过在命令行中单击各个选项来开启或关闭相应的分析，各 *Accessibility Indices*（可达性指标）会在下文详细介绍。

Weight=*Count*（权重 = 计数）选项让你用 *Destination*（终点）的属性对可达性的分析结果施加权重。例如，你可以使用 *Reach* 分析来衡量一个人从每座建筑出发，在 10 分钟步行范围内可以到达多少工作岗位。这时候，你可能要对终点建筑赋上一个“工作岗位”的权重，来表明每座终点建筑包含有多少个工作岗位。*Reach* 分析结果将会阐明：从每座 *Origin*（起点）建筑出发，在 10 分钟步行范围内，可以到达多少个工作岗位。如果权重保持默认设置 Weight=*Count*（权重 = 计数），那么每个终点就被简单地计算成“1”，而不使用其他权重值。你可以通过点击 Weight=*Count* 选项选择其他权重值。单击选项后，将会有可选的数值型权重值被罗列出来。单击你想要使用的权重字段，并确保你指派的权重值与网络上的终点是关联的。相关内容可参见 4.1.2 小节中的“添加数值权重”，4.2.1 小节中的“导入点”以及 4.2.2 小节中的“导入表格”，这些内容都谈到如何把权重指派给点。

Beta=*0.004* 和 Alpha=*1* 这两个系数只对 *Gravity* 指标产生影响。如果你不做 *Gravity* 可达性分析，并且设置“Gravity=*Off*”，那么你可以忽略这两个系数的输入。*beta* 和 *alpha* 这两个系数会在接下来的 *Gravity* 指标的部分进行解释。

下一部分分别详细讨论 3 种 *Accessibility*（可达性）指标。

4.4.1.1 *Reach*

Reach 指标也称“累积机会的可达性指标（cumulative opportunities accessibility index）”（Bhat，2000；Sevtsuk，2010；Jaber 和 Papaioannou，2017），它能获知从各 *Origin*（起点）出发在网络上给定的搜索半径内可以抵达多少个位于周边的 *Destination*（终点）（如建筑、商业设施、就业岗位和公共巴士站点等）。*Reach* 会把一个带前缀“*r*”的数值反馈给各个起点。在公式 1 中，一个起点 i 的 *Reach* 值描述了从 i 出发在最短路径距离内（不超过 r）可以抵达的终点 j 的数量。

$$Reach[i]^r = \sum_{j \in G-\{i\}, d[i,j] \leqslant r} W[j]$$

公式1

其中，$d[i,j]$ 是起点 i 和终点 j 之间的最短路径，$W[j]$ 是终点 j 的权重。图 47 说明了 *Reach* 指标是如何计算的。从各起点出发，在各个方向沿着步行网络查找终点，直到网络距离达到半径 r 这一上限。*Reach* 指标对应的是在网络上从起点出发，在搜索半径内寻找到的终点 j 的数量。

为了简单地计算在给定搜索半径内可以抵达的终点的数量，设置终点权重值为 Weight=*Count*，这样的话就没有对终点施加任何权重，于是反馈回来的只有终点建筑的数量。如果想要使用终点权重对分析结果施加影响，则可以通过点击 Weights=*Attribute*，在你的数据集里选择相应的权重值。例如，你可以给终点赋上一个总建筑面积（GFA）属性，然后使用 *Reach* 计算从网络上的各起点出发在搜索半径内可以获取多少建筑总面积。为了获知终点的活动或土地利用的 *Reach* 值，你可以使用就业岗位数量、居民数量、商业设施数量等作为终点的权重。

图 48 说明了在马萨诸塞州剑桥市从不同的建筑出发，在 600 米搜索半径内可以抵达多少商业设施。和预期的一样，从靠近地铁站点的建筑出发可以抵达更多的位于地铁站点周边的商业设施。

图 47 从蓝色建筑出发，在 100 米的网络距离内，可以抵达 24 栋建筑

起点：蓝色建筑

终点：所有红色建筑

半径：100 米
权重：*count*

图48 从各建筑出发，前往 600 米的网络距离内的商业设施；位于马萨诸塞州大道上以及红线地铁的中央车站周边的建筑有较高的 *Reach* 值

起点：所有建筑

终点：所有商业设施

半径：600 米
权重：*count*

922

461

0

Reach 到的商业设施数量（个）

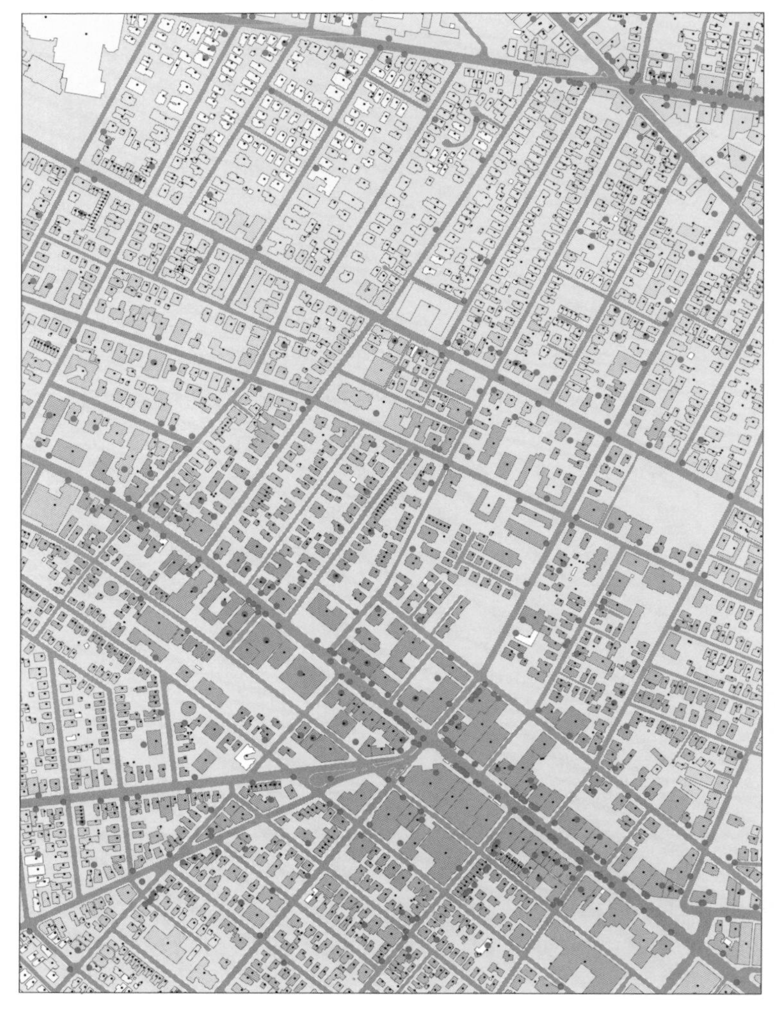

4.4.1.2 *Gravity*

然而，*Reach* 指标只能简单地统计围绕各个 *Origin*（起点）在给定的搜索半径内可抵达 *Destination*（终点）的数量（用户可选择是否用终点的属性对结果施加权重影响）。相比之下，*Gravity* 指标能额外地考虑抵达各终点所需要的出行成本。*Gravity* 指标会把一个带前缀“*g*”的数值反馈给各个起点。*Gravity* 指标首先由 Hansen（1959）提出。它一直是交通研究中最受欢迎的空间可达性量度之一。

Gravity 指标假设起点 i 处的可达性与终点 j 的吸引程度（权重）成正比，与 i 和 j 之间的距离或出行成本成反比。在基于犀牛软件平台的城市网络分析工具软件的当前版本中，只有网络距离能被用作出行成本的量度。这个指标可以定义如下：

$$Gravity[i]^r = \sum_{j \in G - \{i\}, d[i,j] \leqslant r} \frac{W[j]^{\alpha}}{e^{\beta \cdot d[i,j]}}$$

公式2

其中，$Gravity[i]^r$ 指的是：在搜索半径 r 内起点 i 处的 *Gravity* 指标；$W[j]$ 指的是终点 j 的权重；$d[i,j]$ 指的是点 i 和点 j 之间的网络距离；α 是一个指数，用来控制终点的权重或终点的吸引效应；β（即 *beta*）是一个指数，用来控制“距离衰减”效应。因此 *Gravity* 指标可以在可达性测度中同时表达终点的吸引程度（$W[j]^{\alpha}$）以及前往终点的过程中遇到的空间阻力（$d[i,j]$）。如果没有选择权重，则每个终点的权重则被视为等同于count（单纯计数）或“1”。

α（即 *alpha*）参数控制的是：终点的权重变化是如何影响结果的。α 的默认数值为“1”，即终点权重的指数为“1”。这实际上假定了：随着终点规模的增加，*Gravity* 指标也以一种线性的方式增加。当终点的权重和可达性结果之间的关系处于未知时，建议使用默认值。然而，对于特别的“起点—终点”组合，*alpha* 和 *beta* 参数可以用经验值。例如，Sevtsuk和Kalvo（2017）探讨了对于零售点的可达性，并使用新加坡公共住房城镇的调研数据对 *alpha* 和 *beta* 参数进行了经验估测。这样的估测需要实证数据，即人们前往所选的不同类型的终点（如零售商）的出行数据。这些数据描述了起点和终点的距离、终点的“权重”（如建筑面积）以及人们出行的频率。对于处于不同社会经济地位的人群，这些数值会有所不同。Wheaton和DiPasquale（1996）

讨论了在一个关于波士顿大都市区的零售客流的电话访谈中，经验估测出来的参数与实际情况的相似程度。

距离的影响与 *Gravity* 指标成反比。随着距离的增加，*Gravity* 指标呈指数型减少（图 49）。在短距离内，随着距离的增加，*Gravity* 指标快速减少；但是在长距离内，随着距离的增加，*Gravity* 指标缓慢减少。距离衰减速率的形状受到指数 *beta* 的控制。当运行 *Accessibility* 指标工具时，*beta* 可以在命令行中进行指定。*beta* 和相应的距离衰减形状应该取自所设想的出行模式和终点类型。例如，关于以“分钟”数来衡量前往零售店的步行，研究者发现 *beta* 为 0.181 3 左右（Handy 和 Niemeier，1997），相对应的以米为单位的 *beta* 值是“0.002 17”。在气候温和的地方，“0.002”的 *beta* 值常被用于许多步行终点的类型上。在热带地区如新加坡，通常情况下，对于步行出行，研究者所观察到的 *beta* 为“0.004”左右（以米为单位）。*beta* 值越高，意味着对于步行距离的敏感性越高。*beta* 值本质上是估测步行前往特定目的地的可能性，即相对于距离的出行弹性，但这种可能性或弹性也依赖于终点的类型。例如，比起步行前往寻找一个垃圾箱，许多人愿意步行更长的距离前往地铁站点。这可参见 Sevtsuk（2018）关于“0.001”（单位为米）的 *beta* 值的研究：对于前往马萨诸塞州剑桥市的地铁站点的出行，其所适用的“0.001”（单位为米）的 *beta* 值是如何被证实的。

需要注意的是：在相同的起点、终点和权重下，由于距离的负作用，*Gravity* 值总是小于（或者在特殊例子中等于）*Reach* 值。

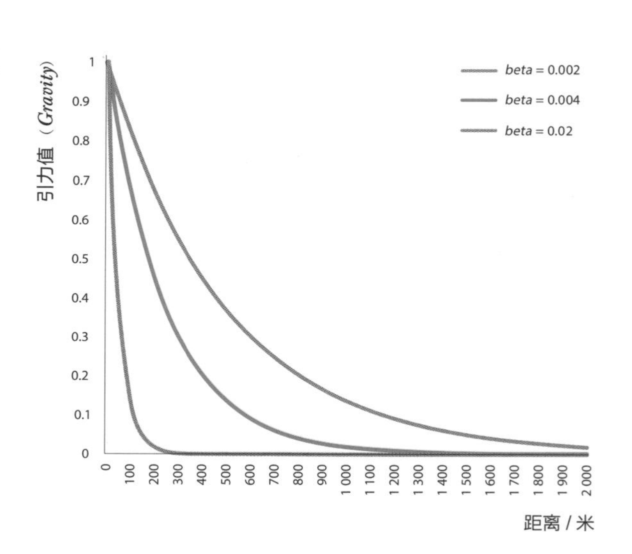

图 49 距离的影响与 *Gravity* 指标成反比，其中 *beta* 值衡量的是“距离衰减”效应

只有在极少数的情况下，如当起点和终点的位置重合以及出行距离实际为零的情况下，*Gravity* 值才会等于 *Reach* 值。

图 50 表明了从两个公共巴士站点（显示为蓝色）出发，在 200 米搜索半径内，前往分布在周边的建筑终点（显示为红色）的 *Gravity* 可达性分析结果。需要注意的是：由于指标公式的分母中的距离衰减效应，*Gravity* 可达性分析结果的数值会低于在相同的步行半径内，从两个公共巴士站点出发可以 *Reach* 到的建筑数量。

图 51 显示了一个不同的设置，其中建筑被设为起点，公共交通站点被设为终点。这些结果表明了从每座建筑出发抵达公共交通站点的可达性。

图 50 这个分析衡量的是：从两个公共巴士站点出发，在 200 米网络距离内前往所有建筑时的 *Gravity* 可达性。公共巴士站点的 *Gravity* 可达性数值会比它们各自的 *Reach* 可达性数值小，这是因为 *Gravity* 考虑了“距离衰减”效应

起点：公共巴士站点

终点：所有建筑

半径：200 米
权重：*count*
beta：0.004
alpha：1

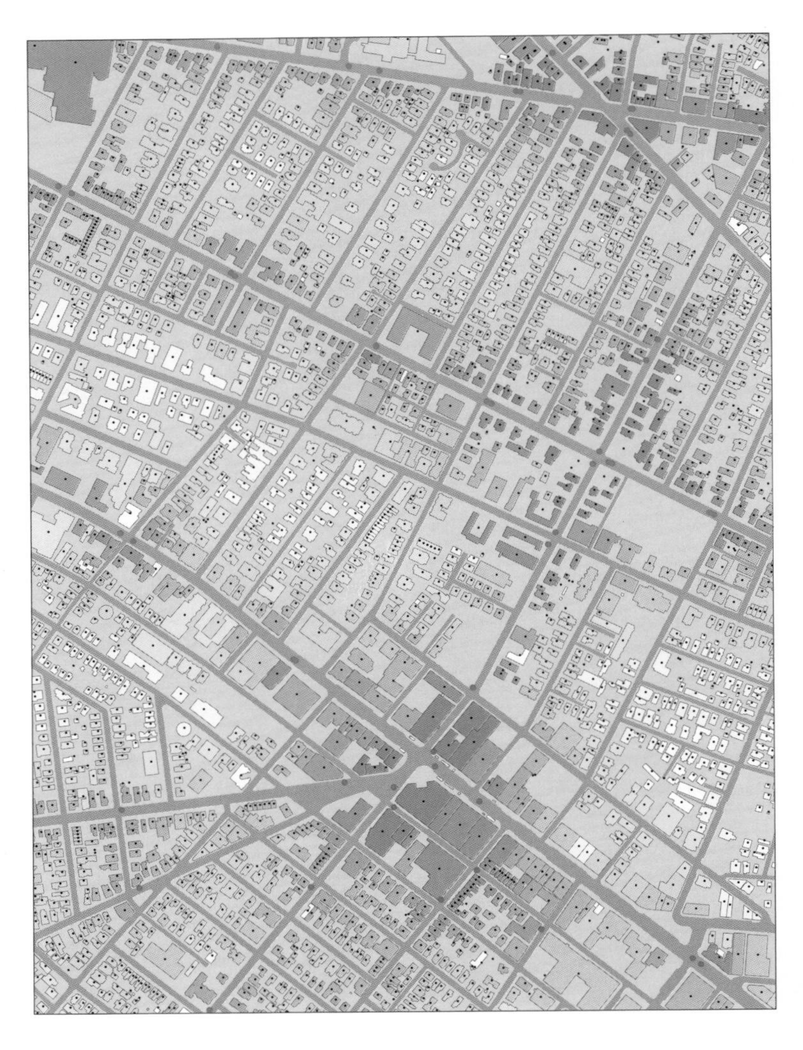

图 51 这个图片衡量的是：从各个建筑出发，在 600 米网络距离内，前往公共巴士站点和地铁站点时的 *Gravity* 可达性。类似地，这个 *Gravity* 可达性数值会小于在期望的半径内的实际公共巴士站点和地铁站点的数量。这是因为 *Gravity* 可达性的衡量考虑了“距离衰减”效应

起点：所有建筑

终点：地铁 / 公共巴士站点

半径：600 米
权重：*count*
beta：0.004
alpha：1

2.953
0.660
0

前往公共交通站点的 *Gravity* 可达性

4.4.1.3 *Straightness*

Straightness 指标（Vragovic，Louis 等，2005）表示从起点到终点的最短路径与二者的直线距离的相似程度。换句话说，*Straightness* 指标表明：相比于无特征平面的直线距离，在网络的几何限制下的出行距离中的正向偏差。*Straightness* 会把一个前缀为“*s*”的数值反馈给起点。*Straightness* 量度可定义为：

公式3

$$Straightness[i]^r = \sum_{j \in G-\{i\}, d[i,j] \leqslant r} \frac{\delta[i,j]}{d[i,j]} \cdot W[j]$$

公式中，$Straightness[i]^r$ 代表的是：在搜索半径 r 之内，一

个起点和一组终点之间的 *Straightness* 值；$\delta[i,j]$ 代表的是 i 和 j 之间的欧几里得直线距离；$d[i,j]$ 代表的是 i 和 j 之间的最短网络距离。自然地，随着节点之间距离的增大，网络距离与点对点直线距离的比例差异会逐渐缩小，如从洛杉矶到纽约的步行距离，与从洛杉矶市中心到洛杉矶卡尔维尔市的步行距离相比，前者要更加接近于一条直线。在解读 *Straightness* 分析结果的时候，对这个偏差应该牢记在心。

事实上，*Straightness* 表明的是：从起点到终点实际的网络步行路线会比点对点的直线距离长多少。这让 *Straightness* 成为一个便于使用的量度，用来探测城市中的令人沮丧的点——位于这些点上的终点可能看起来非常接近，但由于长途绕行而实际上是不可达的（图 52，图中 *s* 为 *Straightness* 的计算值，radius 代表半径）。例如，这个指标可以用来预测令行人沮丧的点——位于这些点上的出行终点如公共巴士站点或建筑入口看起来很近，但实际抵达这些终点的路径包含了大量的绕行距离。对单个终点而言，*Straightness* 的分析结果在 0 到 1 之间。若一个 *Straightness* 的值为 0.75，这意味着起点到终点的直线距离占据了起点到终点的最短的网络距离的 75%。换句话说，比起视线上的直线距离，实际的出行需要再增加 25% 的绕行路程。对于较多终点的情况，就不能这么简单地解读了，因为多个 *Straightness* 的值被进行了累加。为了让包含多个终点的 *Straightness* 分析结果具有可比性，用户可以用相同的“起点—终点”组合以及相同的搜索半径计算得出 *Reach* 分析的结果，然后用 *Straightness* 的分析结果除以 *Reach* 分析的结果。这样得出的是 *Straightness* 平均结果。

图 53 阐释了在马萨诸塞州剑桥市，从所有建筑出发，在 600 米搜索半径内，前往所有其他建筑时的 *Straightness* 分析结果。靠近更多终点的起点，或者被较为密集的街道所围绕的起点，从其开始的步行往往会沿着更加直接的路径抵达终点。

图 52 左边的蓝色建筑以及距离其 100 米网络距离的建筑大部分位于同一条街道上。相比于右边那座位于交叉口的蓝色建筑，左边的蓝色建筑拥有更高的 *Straightness* 值

起点：蓝色建筑

终点：所有建筑

半径：100 米
权重：*count*

图 53 通过直接的出行路径能抵达大多数终点的建筑获得了最高的 *Straightness* 值。低 *Straightness* 值可能代表这个地方需要复杂的路径才能抵达

起点：所有建筑

终点：所有建筑

半径：600 米
权重：*count*

0.110

0.500

0

前往所有建筑的 *Straightness* 值

4.4.2 服务范围

服务范围分析工具（图 54）可以选择或复制从起点出发在给定的搜索半径内的终点和路段。例如，这个工具可以选择所有符合以下条件的餐馆（终点）：从一组公共巴士站点（起点）出发，在 200 米网络半径内的所有餐馆。搜索半径必须被输入到命令行中。这个工具提供了 4 个选项：

图 54 服务范围分析工具

Service area <600> (SelectPoints=*On*
SelectCurves=*On* Copy=*Off* Tight=*Off*):

SelectPoints=*On*（选择点 = 开启）和 SelectCurves=*On*（选择曲线 = 开启）能让该分析工具选择出落入指定搜索半径内的终点或曲线（图 55）。例如，你可以开启“选择点”的同时关闭“选择曲线”，这样的话分析工具就只会选择终点。需要注意的是：如果某一曲线仅部分位于搜索半径内，则该曲线会以原始长度全部被选中，而不会被裁剪成较短的曲线以呼应服务面积的搜索半径。

Copy=*Off*（复制 = 关闭）选项可以让你复制所选的点和曲线，并粘贴到处于激活状态的图层上。这时你需务必确认一下哪一个图层目前处于激活状态，或者你也可以激活其他图层来复制粘贴所选的点和曲线。这一选项默认处于关闭状态。

Tight=*Off*（紧密 = 关闭）选项只影响曲线的选择。该选项关闭时，可以让服务范围分析工具只选择完全在搜索半径以内的曲线。

图 56 表明了服务范围分析工具是如何选择围绕马萨诸塞州剑桥市的一个地铁站点（起点）、位于 600 米搜索半径内的建筑（终点）和街段的。

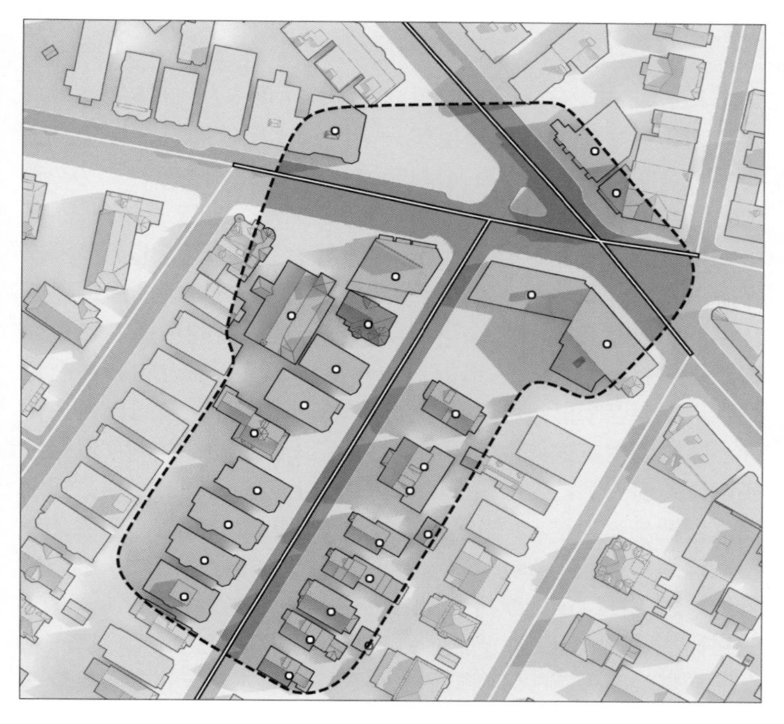

图 55 该图显示的分析结果与前面介绍 *Reach* 指标时所用案例的分析结果相同。如果选项“Tight”设置为“*off*”（关闭），那么无论该曲线是否完全处于半径范围内，所有与半径缓冲区内的终点关联的曲线都将被选中

起点：蓝色建筑

终点：所有建筑

半径：100 米
选择点：开启
选择曲线：开启
Tight：关闭

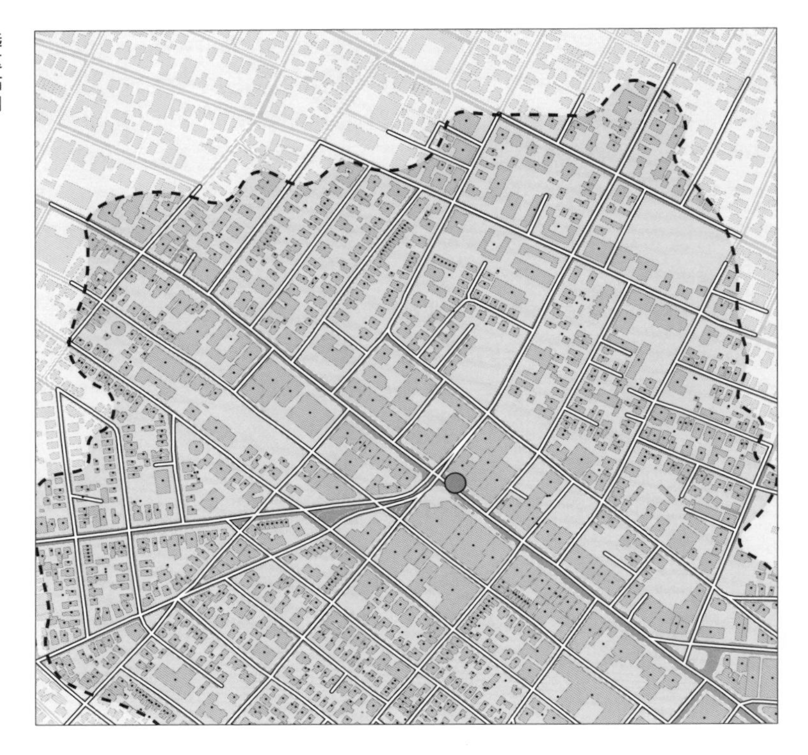

图 56 该图显示了选中的曲线和终点，这些终点位于以地铁站点为中心的 600 米网络距离内

起点：地铁站点

终点：所有建筑

半径：600 米
选择点：开启
选择曲线：开启
Tight：关闭

4.4.3 冗余指标

Redundancy Index（冗余指标）工具（图 57）计算的是：当起点和终点之间的最短路径按一个给定比例扩展时，从起点到终点可以增加的路径距离有多长。这一扩展比例也被称为 *Detour Ratio*（绕行比例）（Sevtsuk，等，2014 a,b）。冗余指标可帮助描述围绕一组起点前往给定终点的合理路径的选择范围。许多城市学家认为人们前往终点时拥有较多的路径选择是建成环境的一种优良品质，这可以给予出行者更多的选择。如果你每天都进行一项例行的步行——假设从你家到最近的公共巴士站点，那么这个指数可以帮助你估测在一个给定的绕行比例内，你还可以使用多少其他的街道。甚至它还能帮助你估测在没有过多绕行的前提下，你在每天的步行路线上可能访问的终点。冗余指标会把前缀为“*ri*”的冗余指数值反馈给每个起点。它还会反馈前缀为“*rc*”的 *Route Count*（线路计数）的分析结果，这一分析结果表明在给定的绕行比例内，有多少条前往终点的独一无二的路径。“独一无二”的路径要求相比较的路径之间至少有一条街段与其他街段存在区别，不允许原路返回或节点的完全重复。

图 57 冗余指标工具

这个工具首先找出在起点和终点之间的可供选择的冗余路径，并且当所有符合条件的路径被找到后，这个指标就以一个比例值的形式反馈给起点。这一比例为起点和终点之间所有冗余路径长度的总和除以起点和终点之间的最短路径长度。

这个结果可以解读为一个数值，该数值估测的是当最短步行距离按一个比例扩展时，有多少长度的街道变得可步行。这个比例的值被称为 *Detour Ratio*（绕行比例）。在城市网络分析工具中，其取值介于 1 到 2 之间。一个绕行比例值为 1.2 的数值意味着比最短路径最多长 20% 的所有路径都将被纳入分析。

在一个正权重无向图中，给定一组节点 i 和 j，绕行比例 $\rho \geqslant 1$，那么冗余指标 R 可以定义为：

$$R^{\rho}[i,j]=\frac{\sum_{e\in G}W[e]\cdot\zeta^{i,j}[e,\rho\cdot d[i,j]]}{\sum_{e\in G}W[e]\cdot\zeta^{i,j}[e\cdot d[i,j]]}$$

公式4

其中，$W[e]$ 是街段 e 上的观测点的权重；$d[i,j]$ 是从 i 到 j 的最短路径的长度；如果存在一条从点 i 到点 j 的简单路径，且这条路径穿过观测点 e，那么 $\zeta^{i,j}[e]=1$，否则 $\zeta^{i,j}[e]=0$。简单路径是指没有重复节点的路径，也就是不允许原路返回或不允许存在环路的路径，但有时也存在 Sevtsuk 等（2014）所描述的一些特例，即路径可能包含环路或回溯重复节点。公式 4 中的分子代表的是起点和终点之间的所有冗余路径的总长度，分母代表的是同样的起点和终点之间的最短路径的总长度。

当这个指标用观测点施加权重时，那么分析结果则表明：从起点步行到终点，沿着冗余路径走相比于沿着最短路径走，前者比后者会多途经多少可达的观测点数量。这可以帮助描述：通过合理地增加步行长度，沿途经过的商店、咖啡店、树木或任何其他沿途要素会增加多少。

当用户输入超过 1 个终点时，则在命令行中 Search=*Nearest*（搜索 = 最近）选项会告诉计算程序：对于每个起点只搜索距其最近的终点。如果把选项设置为 Search=*All*（搜索 = 所有），则选项会告诉计算程序：对于每个起点搜索所有终点。如果把选项设置为 Search=*Radius*（搜索 = 半径），并指定一个半径（如 200 米），则选项会告诉计算程序：对于每个起点，只搜索该起点的指定半径内的所有终点。

Draw=*On*（绘制 = 开启）选项控制的是：满足绕行比例的所

有路径是否需要被复制并成组为一个新的犀牛对象，然后保存在原始路径所在的图层上，以备后续操作。

冗余指标的结果“*ri*”取值大于或等于 1。如果它的取值为 1，那么说明在给定的绕行比例下，没有找到冗余路径。如果它的取值为“5.5”，那么说明在给定的起点和终点之间，累计的冗余路径的长度是最短路径的 5.5 倍。

除了冗余指标“*ri*”之外，该工具也输出冗余路径条数“*rc*”，即统计出所找到的可替代路径的数量。需要注意的是：路径之间，只要它们所包含的街段中存在一条不同街段，它们都属于不同路径，都会被分别统计。如果指定了绕行比例，那么 *Betweenness*(中间性)工具也可以输出同样的冗余路径条数“*rc*”值。相关分析见图 58。

图 59 说明了冗余指标的分析结果。该图分析的情境是从马萨诸塞州剑桥市的所有建筑出发到一个地铁站点。分析使用的绕行比例为“1.2”。这一绕行比例意味着：首先，从每座建筑出发到该地铁站点，均存在对各建筑而言的最短路径；其次，比最短路径最多长出 20% 的所有路径均被找到。指标结果衡量了在绕行情境下，增加了多少可步行的街道长度。自然地，远离地铁站点的建筑获得了较高的结果——从这些建筑出发步行前往地铁站点，选取比最短路径最多长出 20% 的路径，人们将拥有更多的选择。对于靠近地铁站点的建筑，通常只有一条路径满足绕行的限制条件，这也是为什么在这些建筑中，有不少获得值为“1”的冗余指标。

图 58 黑色线路代表的是从蓝色建筑到红色建筑的最短路径。给定一个绕行比例为 1.2，即考虑比最短路径最多长 20% 路程的所有可能路径；冗余指标 *ri* 为 6.42，意味着所有符合条件的可能路径的总长度是最短路径长度的 6.42 倍；冗余指标 *rc* 表明比最短路径最多长 20% 的路径，一共有 56 条

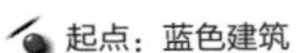

起点：蓝色建筑

终点：红色建筑

绕行比例：1.2

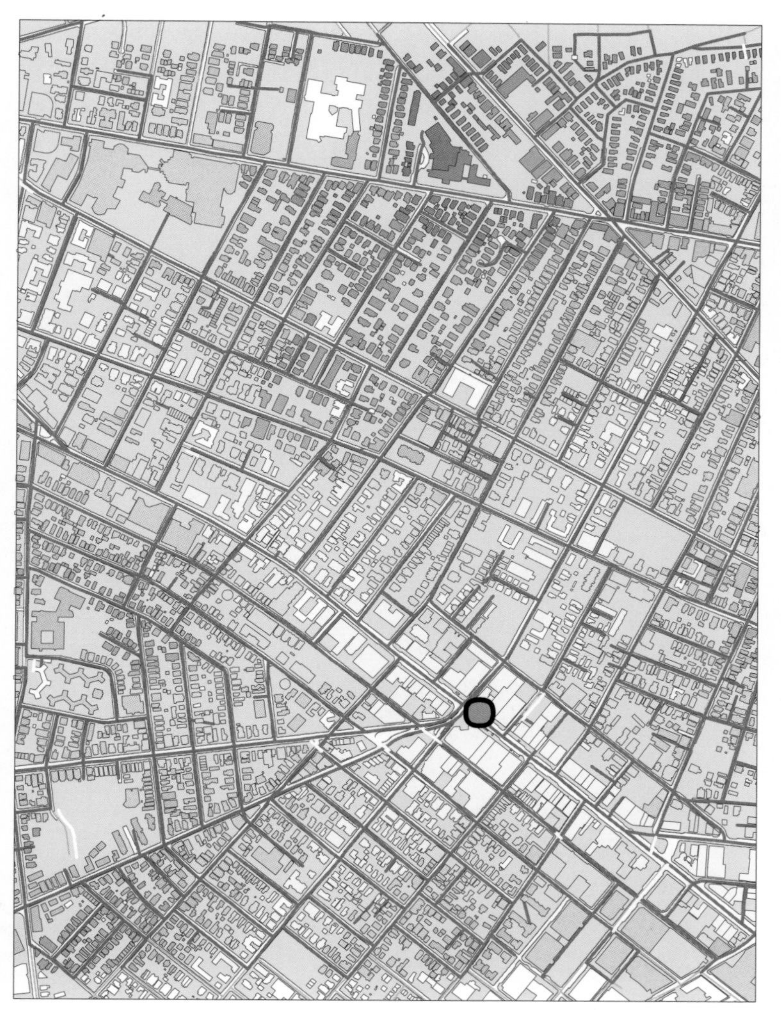

图 59 以地铁站点为终点，该分析衡量了所有建筑的冗余指标。直观地，拥有较高的冗余指标数值的是那些远离地铁站点的建筑。因为对于这些建筑而言，有更多的比最短路径最多长 20% 的路线可供选择。对于靠近地铁站点的建筑，它们往往只有一条符合条件的步行前往地铁站的路，这也解释了为何这些建筑的冗余指标为 1

起点：所有建筑

终点：地铁站点

绕行比例：1.2

11.90

5.95

1

前往地铁站点的冗余指标

4.4.4 冗余路径

Redundant Paths（冗余路径）工具（图 60）可以找出一组起点和终点之间所有符合条件的路径，这些路径比最短路径最多长出给定的比例（由绕行比例决定）。这一工具找出这些符合条件的路径后，会将它们以新的多段线对象进行输出。这个工具可以研究步行路线选择。它可以让研究者识别步行者在一组“起点—终点”之间步行时的所有可行路径。区别于冗余指标，冗余路径所找到的路径就是简单的路径，它们不包含环路或重复的节点。这一工具输出多段线，这些多段线是独立的路径。

图 60 冗余路径的工具

多段线没有成组，每条单独的路径是单独绘制的，而且精确地按照网络中从起点到终点的路径进行绘制。这些多段线被放置在犀牛软件中处于激活状态的图层上。需要注意的是：根据路径网络的连接度以及起点和终点的相对位置，冗余路径的数量可能会非常多，这会降低犀牛软件的运行速度。

这个工具提供了以下几个选项。

Search=*Nearest*（搜索 = 最近）选项决定的是：对于每个起点，只搜索距其最近的终点，还是搜索所有终点，或者只搜索距起点在给定半径（如 200 米）内的终点。

Detour Ratio=*1*（绕行比例 =1）这一选项代表绕行的比例，即实际路径和最短路径的比值，该比值的取值范围在 1 和 2 之间。例如，使用绕行比例“1.3”，意味着算法程序会寻找所有符合条件的路径，这些路径比最短路径最多长出 30%。

Start=*Network*（起始 = 网络）选项决定的是：这一工具所输出的多段线是起始于起点和终点的网络位置（起点和终点与网络相接的地方），还是起始于起点和终点的实际位置（起点和终点的准确位置，可能不在网络上）。

Draw=*On*（绘制 = 开启）选项控制的是：找到满足绕行比例的所有路线后，是否对其进行复制并成组，并以一个新的犀牛对象粘贴到原始路线所在图层上，以便后续操作。

图 61 和图 62 表明了起点和终点之间的冗余路径（红色曲线），两个图中的曲线分别满足绕行比例“1.2”和“1.05”。在两个案例中使用绕行后，相比于最短路径，步行者拥有 6 倍长的街道总长度（和潜在沿街面长度）供其步行时进行路线选择。

图 61 该图显示了满足条件的所有路线的选择集。这些路线比起蓝色建筑和红色建筑之间的最短路径最多长出 20% 的距离

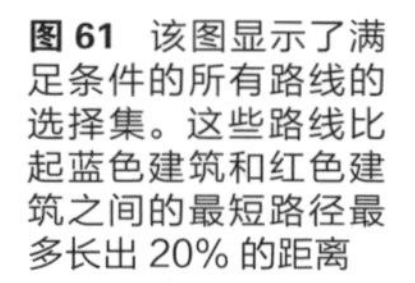

起点：蓝色建筑

终点：红色建筑

绕行比例：1.2

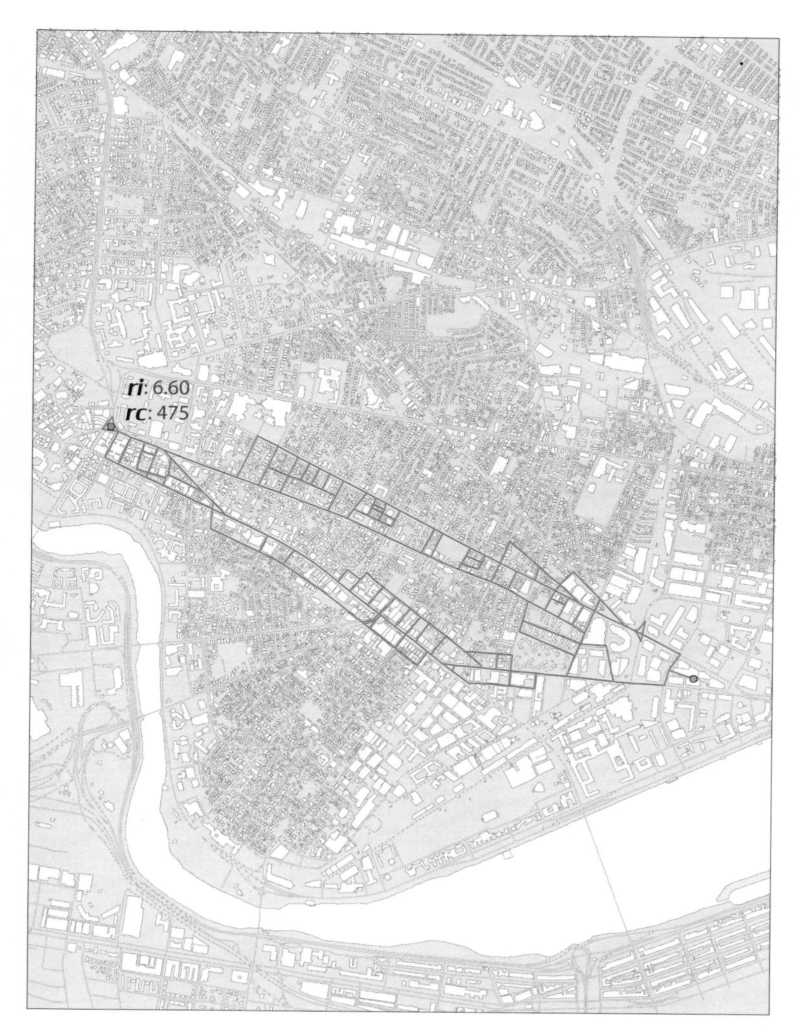

图 62 该图显示了满足条件的所有路线的选择集。这些路线比起哈佛大学地铁站和 Kendall 地铁站之间的最短路径最多长出 5%。需要注意的是，随着绕行比例的增加，冗余路径的数量和该分析所需的计算能力都呈指数增加。在这个案例中，使用如此之低的 1.05 的绕行比例后，就已经生成了 475 条路线

起点：哈佛地铁站

终点：Kendall 地铁站

绕行比例：1.05

4.4.5 中间性 / 客流中间性

网络上，若在起点和终点之间给定一组出行，则城市网络分析工具软件中的 *Betweenness*（中间性）工具（图 63）可以用来计算和可视化在这些出行中有多少出行可能会经过不同的网络边线或观测点。这个工具经常被用来估测经过某一个特定位置或一整个网络的步行或骑行交通。如果在建筑内部使用，那么 *Betweenness*（中间性）指标也可以用来估测在一个三维的流通结构中，在不同的地点有多少人经过。

图 63 中间性工具

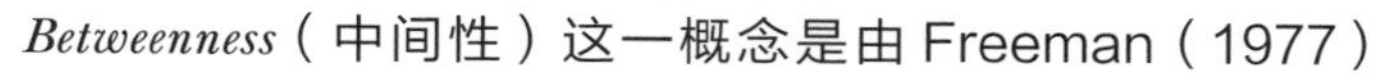

Betweenness（中间性）这一概念是由 Freeman（1977）

最早提出的。一个网络中的一个节点的 *Betweenness* 中心度被定义为若干组起点和终点之间的最短路径经过该节点的份额。例如，如果发现两个节点之间存在不止一条最短路径（这在一个方格网街道中是常见的情况），那么每一条等距的路径都会被给予相等的权重，从而所有权重值的总和能够统一。这一测度在数学上可以定义如下：

公式5

$$Betweenness[i]^{r,dr} = \sum_{j,k\in G-\{i\},d[j,k]\leq r\cdot dr} \frac{n_{j,k}[i]}{n_{j,k}} \cdot W[j] \cdot \frac{1}{e^{\beta\cdot d[j,k]}}$$

其中，$Betweenness[i]^{r,dr}$ 指的是在搜索半径 r 和绕行比例 dr 下观测点 i 的 *Betweenness* 值；$n_{j,k}[i]$ 指的是：起点 j 和终点 k 之间的最短路径中经过点 i 的路径数量；$n_{j,k}$ 指的是从 j 到 k 的最短路径总数。点 i 的 *Betweenness* 值的计算，是考虑了所有的相互之间距离在 r 以内的“起点和终点”组合。因此，距离 r 指的是从起点 j 到终点 k 的出行距离，而非观测点 i 到起点 j 或终点 k 的距离。当使用了大于 1 的绕行比例时，点 j 和点 k 之间的路线可能会比 r 要长。公式 5 中的最后一项 1/（$e^{\beta}\cdot d[j,k]$）只有当 *Gravity* 选项开启后才会起作用，这会在接下来进行讨论。

当 *Betweenness* 测度被施加权重时，起点 j 会附带上权重 $W[j]$。例如，如果一个起点带有权重“100”，那么起点就会释放 100 次出行前往它所对应的终点。

如同上述谈到的冗余指标和冗余路径工具，通过使用绕行比例这一变量，对最短路径的依赖可以放宽。绕行比例指的是可接受的路径长度和最短路径长度的比值。绕行比例为“1.2”意味着比最短路径最多长出 20% 的所有路径均被纳入分析。

城市网络分析中的 *Betweenness* 工具假定所有满足绕行比例的路径拥有同等的被行人途经的可能性。例如，如果使用绕行比例为“1.2”，在一个起点和终点之间发现了 27 条不同的路径，在不使用权重的情况下，那么沿着每条路径将有 1/27 或大约 0.037 04 次出行。如果对该测度施加权重，且起点附带的权重值为“100”，那么 27 条路径中的每一条均收获 100/27 或大约 3.704 次出行。在网络线段上，这 27 条路径存在重叠的部分，那么 *Betweenness* 的结果会在重叠的部分进行累加（图 64）。

当运行 *Betweenness* 工具时，命令行首先会指示你确认起点、观测点和终点。观测点不是必选的，但起点和终点是必有的。观测点自身不会释放或接收任何出行，它们只是被简单地用来

图 64 该分析计算了网络中曲线和点的 *Betweenness* 计算值。在这个案例中，*Betweenness* 计算值被施加权重影响，即考虑了起点中的居民数量为 100。在路径旁边标注的数值，指的是从起点出发前往终点的过程中每条路段所承载的人流。分析假定人们只选择比最短路径最多长出 20% 的路径

起点：蓝色建筑

终点：红色建筑

观测点：所有建筑

绕行比例：1.2
权重：居民数

100

60.7

0

Betweenness 计算值

统计有多少出行会途经某些具体位置。这一工具呈现以下选项：

> Betweenness（Search=*Nearest*　DetourRatio=*1.2*
> Weight=*Count*　Gravity=*On*　Beta=*0.002*）:

Search=*Nearest*（搜索 = 最近）这一选项决定的是：对于每个起点，只搜索距其最近的终点，还是搜索所有终点，或者只搜索距起点在给定半径（如 200 米）内的终点。

Detour Ratio=*1.2*（绕行比例 =1.2）这个选项指定绕行比例，即实际路径和最短路径的比值。该比例取值范围在 1 和 2 之间。例如，绕行比例“1.3”意味着算法程序会寻找所有符合条件的路径，这些路径比最短路径最多长 30%。

Weight=*count*（权重 = 计数）可以让你用起点的权重对 *Betweenness* 结果施加权重影响。例如，当估测一个居住区内的步行时，起点权重可以指的是从每座建筑起始出行的居民数量。如果权重保持为“Weight=*Count*”，那么每个起点就简单地释放“1”次出行，而没有用到其他权重值。你还可以通过点击“Weight=*Count*”选项，选择权重值。点击之后，所有可用的数值型权重都会被罗列出来。点击你想要使用的权重字段，并确保在网络中你所指定的权重与起点是关联的。

Gravity=*On*（引力 = 开启）选项可以让你通过使用一个距离衰减效应，让程序根据起点和终点之间的距离对 *Betweenness* 估测值进行调整。这可以让模型假定：起点和终点之间的距离越远，我们越不可能观测到起点和终点之间的出行行为。

这里的距离衰减效应与 *Gravity* 可达性测度中用到的距离衰减效应是完全相同的。开启 *Gravity* 选项（即 Gravity=*On*），

可以让起点权重 $W[j]$ 乘以一个距离的反比（带 β 指数）：$W[j]\cdot 1/(e^{\beta}\cdot d[j,k])$。由于启动了 *Gravity* 效应，随着与终点距离的增加，起点释放的出行量在降低。这个效应是呈指数型的，由指数 β 控制，控制的方式和上述 *Gravity* 测度所用的方式相同。

假如住房被用作起点，公共巴士站点被用作终点。从一个带有权重“10”的住房出发，到距其最近的公共巴士站点的距离是 500 米。如果设置 Gravity=*Off*，那么 10 次前往终点的出行会沿着所有可行的路线进行。如果设置 Gravity=*On*，那么这个住房将会释放少于 10 次的出行。释放的出行次数取决于所使用的 β 系数。β 值决定了出行者对于增加距离的敏感程度。当 β 值为“0.002”时，释放的出行量将会是 $10\text{x}1/e^{0.002\text{x}500}=3.68$，而非最初的 10。但是由于“距离衰减”效应呈现为指数型曲线（参见前文出现过的图 49），因此在“0.002”的 β 值不变的情况下，越靠近公共巴士站点的住房所释放的出行次数越接近 10。例如，一个距离同一个公共巴士站点 65 米的住房也同样有 10 个住户，那么它将释放的出行量为 $10\text{x}1/e^{0.002\text{x}65}=8.78$。总而言之，开启 *Gravity* 效应，总是会减少起点和终点之间的出行量，而这种影响程度取决于出行距离。

β 值和相应的“距离衰减”曲线形状由出行模式和终点类型决定。例如，对于步行（出行模式）到零售店（终点）并以“分钟”来度量的情况，研究者已经发现 β 的取值大约为 0.181 3（Handy 和 Niemeier，1997），对应的以“米”为单位的 β 取值为 0.002 17。在气候温和的地方，“0.002”的 β 值通常适用于多种终点类型（在步行的情况下）。在热带地区如新加坡，对于步行出行，则通常观察到的 β 值大约为“0.004”（以米为单位）。较高的 β 值意味着对于步行距离更高的敏感度。β 值基本上近似于步行前往特定终点的可能性，即关乎距离的出行弹性。β 值也取决于终点类型：相比于寻找一个垃圾箱，许多人会愿意出行更远的距离前往一个地铁站点。

用鼠标右键点击 *Betweenness*（中间性）工具，启动 *Patronage Betweenness*（客流中间性）分析。这个分析工具整合了上述 *Betweenness*（中间性）工具和下文 4.4.7 将谈到的 *Find Patronage*（寻找客流量）工具的功能。它能让用户通过使用离散选择法，模拟步行者如何在多个终点之间做出选择（Huff 1963）。在实际生活中，多个终点之间相互竞争是比较常见的。在这种情况下，这个工具能帮助用户预测步行者如何在它们之间做出选择。比如，在选择比较多的情况下，它能预测步行者会选择去哪一个商店、哪一个游乐场或是哪一个公园。根据各终点的 *Gravity*（引力）可达性值，每个终点会被赋予一个被到访的概率值。各终点的 *Gravity*（引力）可达性值取决于终点的邻近程度和终点的吸引力(参见4.4.1.2)。在指定的搜索半径内，出行量被分配给所有参与竞争的终点。这样，可达性较高的终点会吸引较大份额的出行量，而可达性较低的终点则只能吸引较少份额的出行量。用该工具分析后所得的中间性值表示了途经每条网络片段或观测点的出行量。

图 65 所示的例子显示了从一个住宅起点出发到周边 11 个互相竞争的公交站点的出行量。每一个公交站点拥有不同的吸引力值（吸引力可以用经过公交站点的公交线路数量或公交服务的频率表示）。因为我们无法得知实际情况中步行者更倾向于前往哪一个公交站点，所以我们采取以下办法：在给定的搜索半径内，出行量按照一定规则分配给这些公交站点，即越有吸引力的、距离越近的公交站点被到访的概率越大，因而所分配到的出行量也越多。最终，所有公交站点所分配到的出行量之和等于起点权重中的总出行量。尽管图 65 只表示了一个起点的情况，但是这个工具可以同时分析存在大量起点和终点的情况。从技术上说，这个工具实际上是先计算了一次 *Find Patronage*（寻找客流量）模型（参见 4.4.7），然后再根据 *Find Patronage*（寻找客流量）分析所得的结果，把出行量分配给终点，这样每个终点都获得了 *Betweenness*（中间性）数值。*Patronage Betweenness*（客流中间性）工具的命令行选项包括以下几个方面：

Search Radius <800> (OriginsWeights=*Count*
DestinationWeights=*Count* Beta=*0.004* Alpha=*1*
ApplyImpedance=*On* DetourRatio=*1*):

Search Radius（搜索半径）这一选项定义的是起点和终点设施之间的最大距离。超过这个距离，就没有人会前往光顾终点设施。例如，在零售设施的例子中，如果一个住户与一个特定商店的距离超过了搜索半径，那么该住户的需求就不会被分配给这个商店。需要注意的是搜索半径的单位遵循犀牛软件中模型的绘图单位。

OriginsWeights=*Count*（起点权重 = 计数）定义的是估测需求的起点属性权重（例如一个建筑中的居民数），默认选项“*Count*（计数）”让这个工具简单地计算起点数量，而不用考虑它们

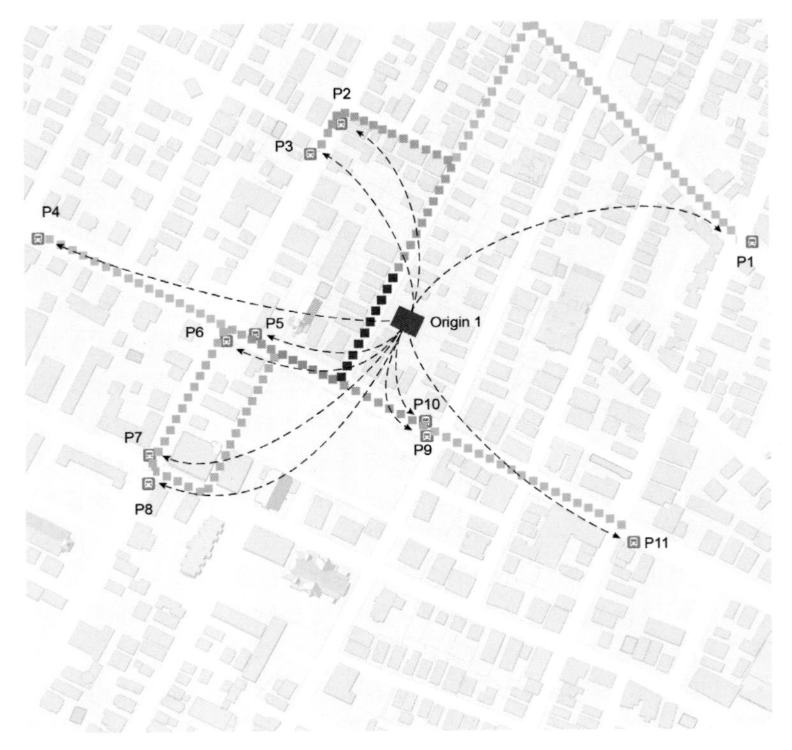

图 65 本图表述的是从一个住宅起点（*Origin*1）到周边 11 个公交站点的出行量（颜色越深代表出行量越大）。因为我们无法得知实际情况中步行者更倾向于前往哪个公交站点，所以我们在给定的搜索半径内，按照一定规则将出行量分配给这些公交站点，即越有吸引力的、距离越近的公交站点被到访的概率越大，因而所分配到的出行量也越大。最终，所有公交站点所分配到的出行量之和等于起点权重中的总出行量

所包含的权重。在这种情况下，所有需求起点都被同等对待——它们都释放“1”次假想的出行，然后这“1”次出行会在不同的终点设施之间进行分配。

DestinationWeights=*Count*（终点权重 = 计数）定义的是估测吸引程度的终点设施的属性权重（例如面积、容量、品牌知名度等）。默认选项“*Count*（计数）”让这个工具给每一个终点都赋上权重“1”。在这种情况下，所有终点设施都被假定为具备同等的吸引程度。

Beta=*0.004* 选项定义的是“距离衰减”效应，这一“距离衰减”效应会影响分配起点权重给终点设施。正如 *Gravity* 指标（见上文），*beta* 取值在 0~1 之间。*beta* 值小于 1，那么起点分配给某设施终点的需求量会随起点和设施终点之间的距离增加而呈指数型减少。*beta* 值取决于出行模式，例如对于前往零售点的出行（度量单位为“米”），*beta* 值倾向于在 0.000 5 和 0.002 之间变化。取值越高，意味着出行者对距离的反感程度也越高。在新加坡，我们测定了前往便利零售店的步行 *beta* 值，其平均取值为 0.001（Sevtsuk 和 Kalvo，2017）。如果用户没有自行输入 *beta* 值，那么 *beta* 值就默认取值为“1”。关于使用 *beta*

系数的公式，请见下文。

Alpha=*1* 选项定义的是终点的吸引力对于客流量的影响程度。如果终点权重指的是以平方米为单位的商店面积（如 1 500 平方米），那么 *alpha* 限定的是：随着面积变化，商店面积对于商店吸引力的影响程度，进而影响客流量的程度。*alpha* 被模拟为面积的一个指数，作为 *Gravity* 可达性的一部分。关于使用 *alpha* 的公式，请见下文。如果用户不手动输入 *alpha* 值，那么其默认取值为“1”。

ApplyImpedance=*On*（应用阻抗 = 开启）选项决定“距离衰减”功能是否应用到起点。如果应用这一功能，那么并非所有的起点需求权重都能被赋予终点设施，这会导致所有终点的客流量总和要低于起点需求权重总和。例如，如果一个住户大约有 2 个顾客要被分配到一个 1 英里（约 1.6 千米）开外的咖啡店，那么设定 ApplyImpedance=*On* 并在距离衰减上使用一个 *beta* 系数，会让咖啡店只分配到初始顾客量“2”的一部分，即 2/$e^{distance \times beta}$。这是因为出行成本会降低顾客光顾一定距离外的咖啡店的可能性。这和上文谈的 *Gravity* 功能有相似性。查看上文谈到的 *Betweenness*（中间性）的公式，理解 ApplyImpedance（应用阻抗）在数学上是如何开启和关闭的。

Detour Ratio=*1*（绕行比例 =1）这一选项限定的是：允许绕行的比例——相比最短路径，这一工具需要寻找的路径长度。这个比例限定在 0 和 2 之间。例如，使用绕行比例“1.3”，意味着算法程序会寻找所有符合条件的路径，这些路径比最短路径最多长出 30%。

4.4.6 最近设施

图 66 最近设施工具

Closet Facility（最近设施）工具（图 66）能够识别出距离每个 *Origin*（起点）最近的 *Destination*（终点）设施，并且总结终点设施的 *Reach* 值或 *Gravity* 值。区别于上述的 *Reach* 和 *Gravity* 指标，此处的每一个起点只被使用一次，并且被距其最近的设施纳入统计（这里没有任何起点被多次计数。但在运行 *Reach* 和 *Gravity* 测度时，起点被重复计数的情况是可能发生的，这是因为有的起点可能同时位于两个终点的搜索半径范围内）。这个工具可以让你选择是否绘制连接每个起点和距其最近的终点设施的直线段，借此反映设施分配情况。命令行提供了以下选项：

Search Radius <600> (Weight=*Count*　Gravity=*Off*

Beta=*0.004* Lines=*On* NameAs):

Search Radius（搜索半径）选项决定的是连接起点和终点设施的最大网络距离。

Weight=*count*（权重 = 计数）选项可以让你用起点所附带的属性对分析结果施加权重影响。若某起点有权重值“15”，那么它就会向最近的终点设施贡献“15”个单位的 *Reach* 值。但权重保持设置为 Weight=*count* 时，每个起点都被简单地计数为“1”。你可以通过点击 Weight=*count* 选项选择权重，点击选项后，所有的可用的数值型权重都会被罗列出来。点击你想要使用的权重字段，确保你指派的权重与网络中的起点互相关联。

Gravity=*Off*（引力 = 关闭）选项决定是否要对终点设施进行 *Gravity* 结果的计算。默认情况下，只计算 *Reach* 值。不同的 *Gravity* 的分析结果见图 67 和图 68。

Beta=*0.004* 选项决定的是在 *Gravity* 可达性量度中使用的 *beta* 值。这个 *beta* 值只有当 *Gravity* 选项设置为开启（Gravity=*On*）时才能被使用。

Lines=*On*（线 = 开启）选项可以让“最近设施”这一工具在每个起点和距其最近的终点设施之间绘制一条直线。这些线是在犀牛软件中处于活跃状态的图层上生成的。需要注意的是：出于简化视觉效果考虑，尽管这些线被绘制成直线，但起点实际上是通过网络距离来与最近的终点设施发生联系的。

图 67 这张图显示了：在 100 米网络距离内，建筑被指派给距离它们最近的公共巴士站点。如果一座建筑在指定的网络距离内拥有不止一个公共巴士站点，那么建筑只指派给距其最近的那个站点。由于 *Gravity* 功能开启，所以“距离衰减”效应会被考虑进来。因此，公共巴士站点旁边的 *Gravity* 数值比它们各自服务的居民数要小

起点：所有建筑

终点：红色公共巴士站点

半径：100 米
权重：居民数
Gravity：开启
beta：0.004

NameAs（命名为）选项可以让你给输出的结果指派一个自定义的名称。命名完毕后，系统会为每个终点保存一个新的数值属性，这一数值对应的是有多少起点以该终点为最近设施。

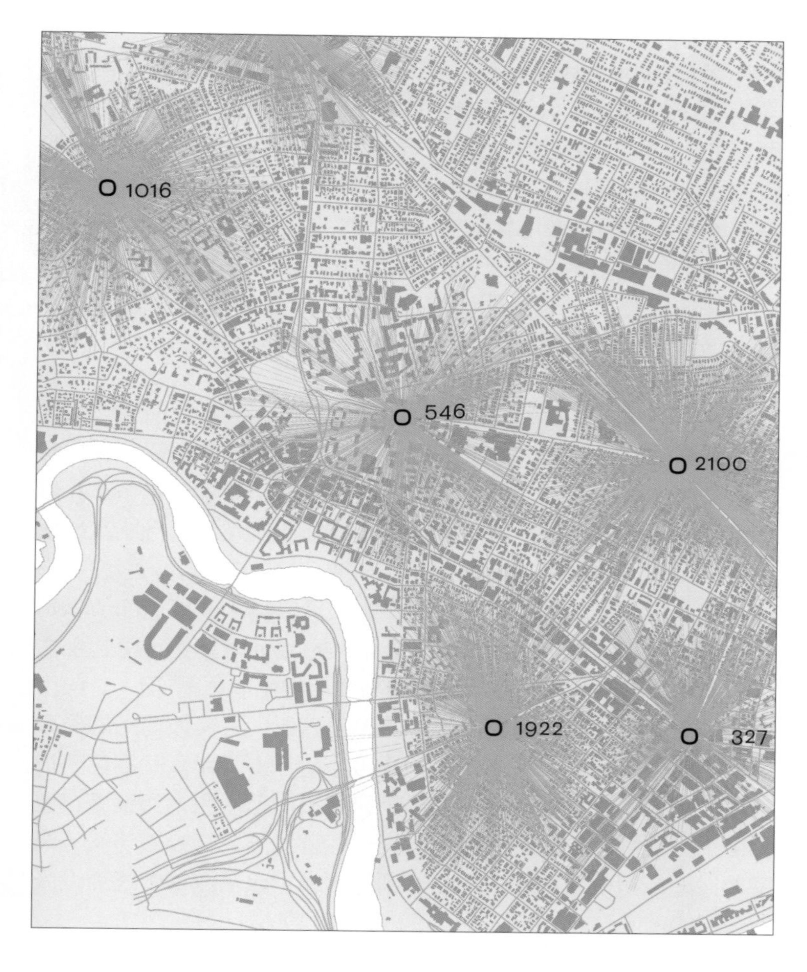

图 68 这张图显示了：在剑桥市，建筑被指派给距其最近的消防站，前提是距离建筑 1 000 米网络距离内存在消防站。由于 *Gravity* 功能关闭，因此消防站旁边所标注的分析所得的数值等于它们各自 1 000 米范围内的居民数之和

起点：所有建筑

终点：消防站

半径：1000 米
权重：居民数
Gravity：关闭

4.4.7 寻找客流量

在竞争性设施存在的情况下，从给定的需求起点出发，*Find Patronage*（寻找客流量）工具（图 69）可以用来预测网络上的空间设施（城市公园、游乐场、商店、图书馆、共享自行车站点等）的客流量。这一工具可以根据终点的可达程度计算从每个起点到每个终点设施的出行概率。该工具基于的是影响深远的 David Huff（1963）客流量模型及 Eppli 和 Shilling

图 69 寻找客流量的工具

（1996）的后续工作。Sevtsuk 和 Kalvo（2017）的一篇论文描述了这个工具在新加坡住房城镇零售中心规划上的应用，这在本书开头的一个案例分析中也有所阐释。这个工具对原始 Huff 模型进行了改进（Sevtsuk 和 Kalvo，2017），这让它能够专用于城市设计和规划实践。

经典的 Huff 模型认为：位于某一起点的一位顾客光顾某个商业终点的概率是以下三者的函数——终点吸引程度、终点与顾客的距离以及顾客周边具有竞争性的终点。每个终点设施的吸引程度可以描述任何对客流量有着积极影响的可度量的属性。在实践中，面积常被用作指标，指代每个终点所能提供的选择，这是已知的能对客流量产生积极影响的因素。终点的吸引程度也受零售价格、停车空间、沿街面、广告费用等因素的影响，所有这些通常都被整合到一个单独的吸引程度指标里。

每位顾客会给各个终点分配一部分光顾次数，因此接下来要讨论所有顾客和所有终点之间是如何相互影响的。每位顾客从起点出发前往给定半径内的每个终点设施，对于每次出行，寻找客流量工具都会进行一次 *Gravity* 可达性指标的计算。这个 *Gravity* 可达性指标与终点的吸引程度成正比，与前往终点的出行成本成反比（详情请见前文 *Accessibility* 指标下的 *Gravity* 内容）。假设有一位顾客（位于起点）和一个终点，如果可以得知该终点的 *Gravity* 可达性值以及所有终点（包括该终点）的 *Gravity* 可达性值，那么这位顾客光顾该终点的概率为前者与后者的比值（图 70）。该终点的吸引程度越高、与起点之间的距离越近，则其被访问的概率就越高。但只要每个终点的吸引程度不等于 0，那么就不存在被访问的概率为 0 的终点，即使最远和最不具备吸引力的设施，也会由于一些顾客的随机决策而获得一些客流量。终点被访问的概率乘以起点所携带的权重，所得到的结果可以估测每个终点设施所获得的客流量或其他权重值（如可支配收入）（图 71）。

这个工具由两部分构成：用鼠标左键单击工具图标，可以打开“寻找客流量”工具；用鼠标右键单击工具图标，可以打开“寻找客流量窗口”工具。这两者都可以估测设施的客流量，但是后者使用了一个用户交互界面，且包含了其他功能，如让用户最多可以区分 3 种不同类别的终点设施，每一类别可以拥有一个不同的“距离衰减”系数 *beta* 值以及用来查找终点设施的不同的搜索半径。这可以让“寻找客流量窗口”工具适用于等级化的设施网络，例如第一等级、第二等级和第三等级的终点类型。

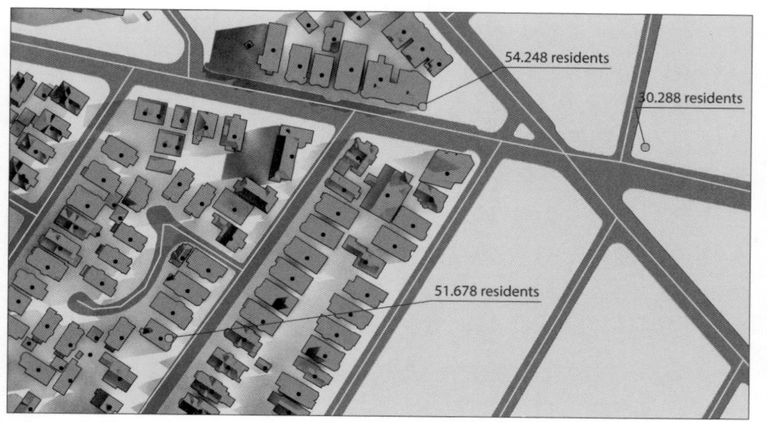

图 70 这张图显示了访问 3 个商业设施的居民数量，前提假定这 3 个商业设施的吸引程度相同（*alpha*=1）。需要注意的是：尽管最右边的那个商业设施对于所有居住建筑而言都不是最近的商业设施，但是它依然能够吸引顾客。这是因为光顾一个商业设施的概率被定义为该商业设施的 *Gravity* 可达性值与所有商业设施的 *Gravity* 可达性值的比值，因此并非所有的居民一定会光顾距其最近的商业设施

起点：所有建筑

终点：红色商业设施

原点权重：居民数
终点权重：*count*（单纯计数）
beta：0.004
alpha：1
ApplyImpedance（应用阻抗）：开启

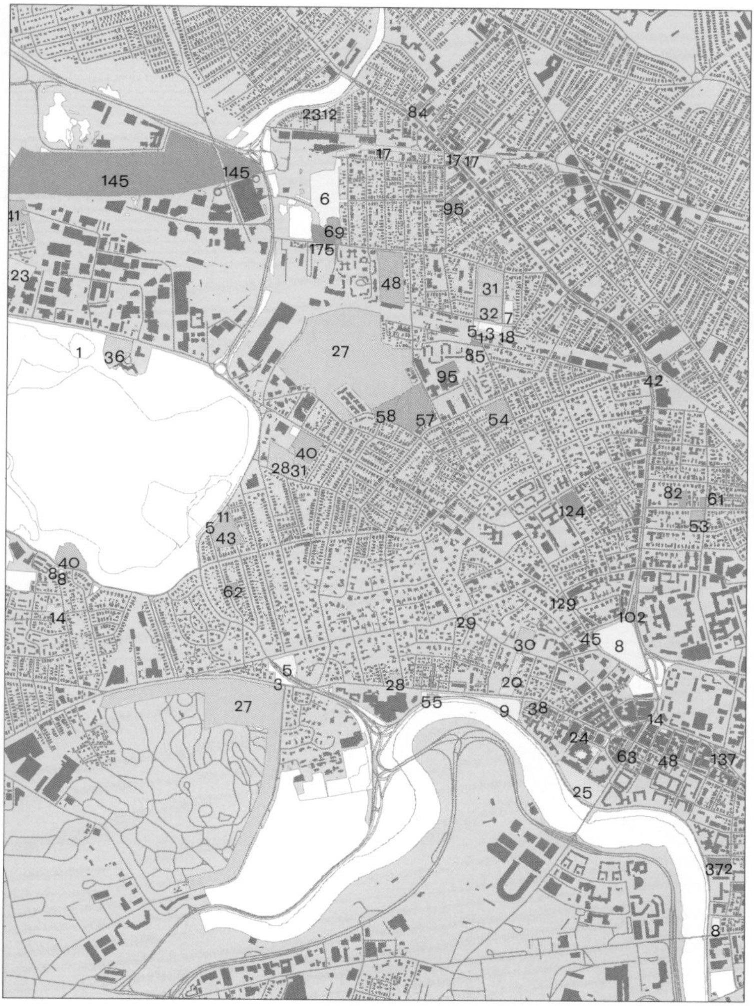

图 71 这个分析计算了：在剑桥市，居民从所有建筑出发到公园时的客流量。起点以居民数为权重；终点以各公园的面积为权重作为公园的吸引程度的指标。公园旁边的数字指的是光顾公园的居民数，这些数字经过了“距离衰减”的校正

起点：所有建筑

终点：红色公园

起点权重：居民数
终点权重：公园面积
beta：0.004
alpha：1
ApplyImpedance（应用阻抗）：开启

683
78
0
客流量

对于大多数的应用，简单的“寻找客流量”工具加上一个命令行界面就已经足够了。

在使用这个工具之前，你需要构建一个网络（使用“添加曲线到网络”工具），还需要向网络添加起点和终点（使用“添加起点和终点”工具）。用户可以自愿给起点添加权重值，用来代表对于设施的需求。例如，如果建筑入口被用作起点，那么建筑的权重可以代表每座建筑所包含的居民的数量或者居民的收入。终点设施也可以包含一个数值权重用来模拟它的吸引程度。例如，一个“面积”权重可以表征目的地零售店的规模大小，这一规模大小在终点设施之间分配需求时可以纳入考虑。

“寻找客流量 ”工具的命令行选项包括以下内容。

```
Search Radius <800> (OriginsWeights=Count
DestinationWeights=Count   Beta=0.004   Alpha=1
ApplyImpedance=On   CopyResultsToMemory=On):
```

Search Radius、OriginsWeights=*Count*、DestinationWeights=*Count*、Beta=*0.004*、Alpha=*1*、ApplyImpedance=*On* 几项解释同 4.4.5 节内容。

CopyResultsToMemory=*On*（复制结果到内存 = 开启）选项可把每个终点设施的估测客流量结果复制到剪贴板上，用以粘贴到 Excel 表格里或其他表格编辑软件，以便进行进一步的分析。

下文将解释这一工具中不同选项的数学定义。

令“*DP*”=Demand Point（需求点，代表起点“i”），令“*C*”=Center（某中心，代表终点“j”）。从一个需求起点“i”前往一个终点设施“j”的 *Gravity* 可达性可以表示为：

公式6
$$DP[i]Gravity[j] = \frac{C[j]weight^{\alpha}}{e^{\beta \cdot dist[i,j]}}$$

其中，$dist[i,j]$ 指的是从起点 i 到终点设施 j 的网络距离。

从需求点 i 到搜索半径 r 内的所有终点 j 的可达性值的总和可以表示为：

公式7
$$DP[i]Gravities = \sum_{j}^{\#c} DP[i]Gravity[j]$$

一个位于起点 i 的人光顾一个终点设施 j 的概率，是从 i 点前往该设施终点的 *Gravity* 可达性和从 i 前往所有终点（包括 j）的 *Gravity* 可达性之和的比值，即

$$DP[i]Probability[j] = \frac{DP[i]Gravity[j]}{DP[i]Gravities}$$ 公式8

由于 *Gravity* 的计算不仅取决于起点和终点的临近程度，还取决于终点的吸引程度（权重），因此从起点出发，访问任一终点的可能性不仅同时取决于这两个因素，还取决于具有竞争性的设施的存在。

基于这些公式定义，这个工具可以输出两个不同的结果，取决于用户是否开启 ApplyImpedance（应用阻抗）选项。

如果 ApplyImpedance=*On*（应用阻抗 = 开启），那么终点 j 的客流量可以计算如下：

$$C[j]Patronage = \sum_{i}^{\#DP} DP[i]Weight \cdot DP[i]Probability[j] \cdot \frac{1}{e^{\beta \cdot [i,j]}}$$ 公式9

这一公式反映了每个终点设施 j 的经过 *Gravity* 削减后的客流量。如果使用了经实证校核过的 *alpha* 值和 *beta* 值，那么这个分析结果可以用来估测光顾各个设施的实际客流量。由于公式 9 中存在最后一项“距离衰减效应” $1/e^{\beta \cdot dist[i,j]}$（公式中表达为 $1/e^{\beta \cdot [i,j]}$），因此并非所有的起点需求权重都能分配到终点设施，这导致了所有终点的客流量总和要低于起点权重的总和（Sevtsuk 和 Kalvo，2017）。

如果 ApplyImpedance=*Off*（应用阻抗 = 关闭），那么公式 9 中的最后一项就被删除了，终点 j 的客流量可以计算如下：

$$C[j]Patronage = \sum_{i}^{\#DP} DP[i]Weight \cdot DP[i]Probability[j]$$ 公式10

这个公式反映了经典的 Huff（1963）模型，所有起点的需求权重被分摊到搜索半径内的各终点 j，并且所有终点的估测客流量总和等于起点权重的总和。

4.4.8 分配权重

图 72 分配权重的工具

Distribute Weight（分配权重）工具（图 72）可以把起点权重重新分配给新建的点序列（称为观测点），这些点序列位于从起点到终点的网络路线上。这一工具有助于模拟沿途的设施需求。起点的需求被重新分配，仿佛这些起点沿着路线走向它们的终点。例如，如果起点权重指代的是“居住建筑中的户数”，那么这个工具可以把这些建筑的权重重新分配给步行路线（这些步行路线导向附近的公共交通站点）。在分配的过程中软件按照给定的距离间隔（如 50 米）落下新的点。所有这些新建分配点的权重值总和与起点权重的总和相等。相关分析见图 73 和图 74。

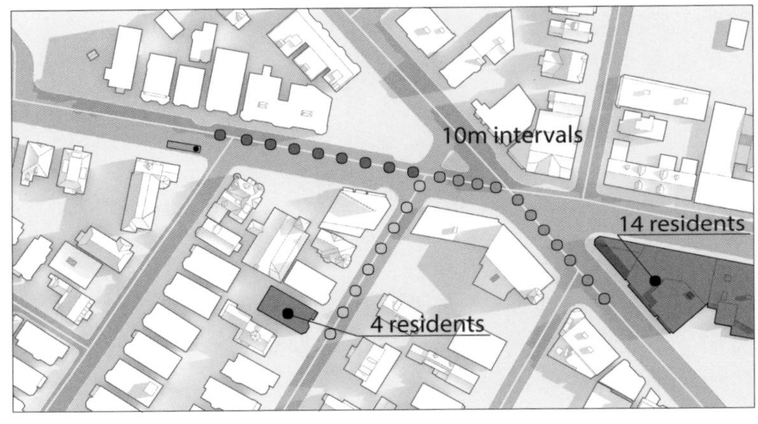

图 73 这张图显示了在从两个蓝色建筑到公共巴士站点的路线上以 10 米间距分配需求权重。每隔 10 米就有 1 个观测点接收分配到的需求权重值。在这个例子中，这两座建筑中的居民数被指定为需求权重。当两条路线叠加时，观测点处的权重值会进行累加

起点：蓝色建筑

终点：红色公共巴士站点

绕行比例：1
权重：居民数
系数：1

0.94
0.70
0.24
分配权重

设想一个起点“O”，其带有权重值为“5”个人，这“5”个人被假定步行前往终点“D”。如果我们使用 *Betweenness*（中间性）工具估测这些步行，那么最短路径上的每个街段都会得到一个 *Betweenness* 值“5”，这表明每个街段都被 5 个人经过。这有助于预测途经每个网络街段或观测点的人流量。但是打个比方，如果我们想要使用这些分析值来估测某社区对冰淇淋的需求量，那么 *Betweenness* 分析值就不合适了。每个沿途的观测点会获得相同的 *Betweenness* 值（在这个例子中为“5”）。如果在“O”和“D”之间的最短路径上有 12 个观测点，那么 *Betweenness* 分析值会得出冰淇淋的需求量为 12x5=60 人，而不是我们最初设定的 5 人。

分配权重工具可以让我们把权重值“5”平均分配给沿途的多个观测点，让所有观测点的权重值总数仍等于“5”。12 个观测点中，每个观测点获得权重值为 5/12=0.416，全部需求量依然是“5”个人。

图 74 这个分析显示了：在新加坡榜鹅，在从所有建筑到公共交通站点的路线上分配权重。图中有 3 种类型的终点，每一类终点获取不同比例的起点需求权重。这个例子假定 70% 的住户前往 MRT（大运量快轨）、20% 的住户前往 LRT（轻轨）以及 10% 的住户前往公共巴士站点

起点：所有建筑

终点：所有公共交通站点

绕行比例：1
权重：居民数
系数：1

● 公共巴士站点
▲ 轻轨站点
■ 大运量快轨站点

388.00
71.82
0
分配权重

这个工具要求首先设定起点、终点以及观测点。观测点接受重新分配的起点权重。如果你没有一组事先定义的观测点，那么这个工具会提供一个选项，让你按照你选择的距离间隔来生成观测点，并让这些观测点沿着你的网络线段均匀放置。需要注意的是：新的观测点只能在网络上生成，且沿着出行所经过的街段。任何出行所没有途径的街段都不会生成观测点。这一工具生成的观测点被放置在犀牛软件中处于活跃状态的图层上。

一旦起点、终点和观测点给定之后，这个工具会在命令行中提供如下选项：

```
Distribute weight (Search=Nearest   DetourRatio=1
Weight=Count   SaveOptions   Coefficient=1
CleanTouchedWeights=False):
```

Search=*Nearest*（搜索 = 最近）选项定义的是哪些终点被使用，是距离起点最近 (Nearest) 的那个终点，还是所有（All）终点，还是距离起点给定搜索半径（Search Radius）内的所有终点。

DetourRatio=*1*（绕行比例 =1）选项限定了从起点到终点的路线。输入值描述的是在任何“起点—终点”组合中，可被允许的路径长度和最短路径的比值。该值被限定在“1”和“2”之间。在默认值“1”的情况下，可被允许的路径长度和最短路径长度相等，这意味着只有最短路径被使用。若它的取值是“1.1”，那么所有比最短路径最多长出 10% 的路径都将被考虑。

Weight=*Count*（权重 = 计数）选项定义的是起点的哪个权重

应该被重新分配给观测点。默认选项“*Count*（计数）”会简单地把每个起点所附带的数值“1”拆分，然后重新分配给起点和终点之间的所有观测点。使用“Weight=*Count*”，将会生成一个新的观测点权重，称为“Count_Fraction”。

SaveOption（保存选项）可以让你给重新分配的权重指定一个名称，并把该名称保存到观测点。为了使用一个自定义的名称，你需要点击这一选项，接着点击命令行中出现的“Use=*True*”，最后输入一个自定义名称（如“d_weight”）。使用一个自定义名称可以让你记录多个权重分配。此外，如果你在保存选项中点击了“CleanTouchedWeights=*False*”，它还能让你把多个权重分配结果叠加给相同的观测点和相同的权重名称（详见下文）。

Coefficient=*1* 可以决定多少比例的起点权重被重新分配给观测点。如果你保持 coefficient（系数）为默认值“1”，那么起点权重会 100% 被再分配。如果你将 coefficient（系数）设置为“0.5”，那么只有一半的起点权重会被再分配给观测点，这样的话，被再分配的权重值的总和将只有初始起点权重值总和的一半。把 coefficient（系数）降低到“1”以下，这并不会减少起点的初始权重值。

CleanTouchedWeights=*False* 选项决定的是拥有相同权重名称的观测点其权重值是否（*True*，*False*）要被新的结果所覆盖。如果设置为 *True*（是），那么前面的结果将会被覆盖。如果设置为 *False*（否），那么新的结果将会附加到前面的结果上，这样你就可以让观测点累积所分配的权重值。当你试图模拟从相同起点出发前往不同类别的终点时，这一工具将很有用。例如，如果你要模拟从住所前往 MRT（大运量快速轨道交通）站点和公共巴士站点时，你可以分配 60% 出行量给离各住处最近的 MRT 站点（使用 Coefficient=*0.6*），然后分配 40% 出行量给离各住处最近的公共巴士站点（使用 Coefficient=*0.4*）。在这两次操作中，当点击 SaveOption（保存选项）时应该使用相同的名称（如“transit_walks”），并且设置 CleanTouchedWeights=*False*。在这个例子中，前往 MRT 站点和前往公共巴士站点，起点分配了两次权重值；相同的观测点会累积这两次所分配的权重值，并以权重名称“transit_walks”保存到观测点。这一工具的应用说明请参见 2.2 节中的新加坡榜鹅案例分析。

4.4.9 集群

Clusters 集群工具（图 75）可以找出网络上点的空间集群。它可以用来探测商业集群、街道商贩集群、犯罪集群、富人住宅集群、树木集群或其他网络上的事件集合。集群的限定依据的是用户所指定的两个标准：一，构成一个集群的点的最低数量；二，在同一个集群内，各个点与其他至少一个点之间可允许的最大网络距离。例如，商业集群可以被定义为一个集合，这个集合包括至少 25 个商业设施，且在同一个集群内每个商业设施和其他至少一个商业设施的距离不超过 75 米。相关分析见图 76 和图 77。

图 75 集群工具

为了运行这个工具，首先必须设置一个网络（使用“添加曲线到网络”工具）。此外，还需将一组点添加到网络，这组点既是起点也是终点（使用“添加原点”和“添加终点”工具）。命令行的选项如下：

Cluster Radius <800> (MinClusterSize=*10*
GroupAndCopy=*On* SaveWeight=*Off*):

Cluster Radius（集群半径）这一选项定义的是在同一个集群内，各个点与其他至少一个点之间可允许的最大网络距离。你可以在命令行中输入想要的距离。需要注意的是：所使用的距离单位应遵循你的犀牛软件中的绘图单位。

MinClusterSize=*10*（最小集群规模 =10）选项定义的是构成一个集群的点的最低数量。

图 76 这张图显示了图幅范围内的 3 个集群。这 3 个集群最少有 10 个商业设施，且集群内的商业设施的彼此距离不超过 50 米

起点：所有商业设施

终点：所有商业设施

集群半径：50 米
集群最小规模：10

图 77 这张图显示了图幅范围内的集群。这些集群最少有 25 个商业设施，且集群内的商业设施的彼此距离不超过 75 米

起点：所有商业设施

终点：所有商业设施

集群半径：75 米
集群最小规模：25

GroupAndCopy=*On*（成组并复制 = 开启）可以控制满足以上两个集群条件的点是否要以集群的方式成组，并拷贝到处于活跃状态的图层上。

SaveWeight=*Off*（保存权重 = 关闭）选项可以决定集群数量是否要记录为集群的权重，并赋到最初输入的点的属性上。这一工具非常有用。例如，拷贝权重并粘贴到 Excel 中，可以计算每个集群中有多少“成员”，或者在其他表格操作软件中分析集群的构成。需要注意的是，只有属于一个集群的点才会获得集群属性权重。

哈佛艺术博物馆里的
矿物颜料收藏

4.5 显示设置

上文所介绍的城市网络分析工具的功能让用户能控制不同的分析结果或权重在屏幕上的显示，或让用户准备好城市网络分析结果的图以备在其他软件（如 Adobe Creative Suite）中进一步操作。

4.5.1 显示选项

图形选项工具见图 78。这个工具可以让你改变城市网络分析要素的图形外观，包括结果、结果标签、点的连接线等的取色方案。在命令行中有以下几个选项：

图 78 图形选项工具

Graphics（Color=*WhiteRed* Results=*RedundancyIndex* Weight=*None* Mode=*Result* Node=*On* NodeId=*Off* NodeD2=*Off* DotConnections=*On* DotArrow=*Off* DotLabel=*On* DotId=*Off* Dots=*On* Edges=*On* EdgeLabels=*On* Font=*12* DotSize=*5*）:

Color=*WhiteRed* 可让你选择不同的取色方案来可视化城市网络分析的结果，或可视化起点、终点、观测点的属性权重。

Results=*RedundancyIndex* 选项控制的是目前显示的是哪一个分析结果。

Weight=*None* 选项控制的是点对象目前显示的是哪一个权重值（仅针对数值权重）。需要注意的是只有当满足以下两个条件时，点的权重值才能够被可视化：一，你已经在网络上添加了起点、终点或观测点；二，接下来要讨论的选项 Mode=*Result* 已设置为 Mode=*Weight*。

Mode=*Result* 选项可让图形在“显示分析结果”和“显示对象的数值权重”这两种模式之间切换。

Node=*On* 选项决定的是在网络的尽端节点是否绘制黑色叉号。这些符号对于探测网络中的拓扑问题是有用的。在一个 T 字形交叉口的位置，你原本期望的是所有经过该位置的曲线都彼此连接，但如果在这个位置出现了一个黑色叉号，那么你就知道该地方肯定存在问题。最有可能的原因是垂直的那条街段与另外两条街段没有共同的端点。这可通过手动编辑线段的端点修复拓扑错误。

NodeId=*Off* 选项可以切换犀牛软件中节点 Id 的显示模式是处于开启状态还是关闭状态。节点 Id 是网络节点自动分配到的值，用户通常不需要看到它。

NodeD2=*Off* 选项可以开启 / 关闭带有数值“2”的红色警告。带数值“2”的红色警告能告诉你哪个是“二度节点”，即只有两条网络线段相交于此的节点。如果在一个交叉口的地方看到红色数值“2”，但是你预期的是这个交叉口应该不止有两条线段连接于此，因此可以判断在这个交叉口的地方存在一个拓扑问题。详情请参见 4.3.1 小节的添加曲线到网络。

DotConnections=*On* 选项控制是否要显示从起点、终点和观测点分别引出的蓝色、红色和灰色的连接线（将点和最近的网络边线连接）。DotConnections 可以有效地可视化起点、终点或观测点与网络发生连接的位置。

DotArrow=*Off* 选项可以让你进一步给网络的表现形式添加蓝色、红色或灰色的箭头，从而在每个节点处显示出行的方向。

DotLabel=*On* 选项可以控制城市网络分析的数值结果是否显示在点的旁边，这是一个重要的功能。设置 DotLabel=*Off* 将会隐藏分析结果的标注。如果你运行大量的分析点，那么设置 DotLabel=*Off* 有助于在犀牛软件中提高显示的反应速率。

DotId=*Off* 选项控制的是城市网络分析中每个网络节点的 Id 号码是否要显示出来。通常情况下，用户是无须显示这些号码的。

Dots=*On* 选项控制的是包含分析结果（带色）的网络节点是否要显示或隐藏。

Edges=*On* 选项控制的是带有颜色编码的分析结果是否要显示在网络边线上。这个控制选项只对 *Betweenness*（中间性）分析有影响。开启该选项后，分析结果可在边线层面上可视化。

EdgeLabels=*On* 选项可以让你关闭或开启网络边线上的数值结果。这个控制选项只对 *Betweenness*（中间性）分析有影响。开启该选项后，分析结果可在边线层面上进行可视化。

Font=*12* 选项控制的是屏幕上的结果标注的字体大小。

DotSize=*5* 选项控制的是显示城市网络分析结果的点的大小。

4.5.2 导出权重颜色

Bake Weight Color 导出权重颜色工具（图 79）可让你把可视化在屏幕上的城市网络分析结果的颜色以犀牛软件的物体颜色指派给源物体。例如，如果你想要把城市网络分析结果的图片导出到其他图形设计软件如 Adobe Illustrator 和 AutoCAD 等中，那么这个工具会有所帮助。

图 79 导出权重颜色的工具

这个工具只对点物体适用。在边线层面显示的 *Betweenness*（中间性）分析结果无法渲染到下层的犀牛软件曲线对象上。为了导出 *Betweenness*（中间性）结果，请使用观测点。如果你希望通过 Adobe Illustrator 绘图或其他平面设计软件，把 *Betweenness*（中间性）结果以颜色梯度的方式在道路边线上呈现出来，那么一个通常的解决方法是：首先把观测点上的 *Betweenness*（中间性）分析结果导入 ArcGIS；然后在 ArcGIS 中使用 Spatial Join（空间叠置）工具，把分析结果与对应的网络线段关联起来。这样，观测点的平均值就赋给了它们所对应线段，进而在 ArcGIS 中进行可视化操作。由于在犀牛软件和 ArcGIS 之间进行的导出 / 导入流程，会给点的位置带来小的错位，因此，通常比较好的做法是：在进行 Spatial Join（空间叠置）之前，在 ArcGIS 软件中首先围绕观测点添加一个小范围的缓冲（如 2 米，取值取决于网络类型）。更多关于“曲线导出到 GIS”的信息参见“5. 常见问题”部分。

5. 常见问题

安装

我从哪里可以下载到城市网络分析工具箱?

城市网络分析工具软件可以从多个地址进行下载。

城市形态实验室（City Form Lab）网站：

http://cityform.gsd.harvard.edu/projects/una-rhino-toolbox

Food for Rhino 网站：

http://www.food4rhino.com/app/urban-network-analysis-toolbox

麻省理工大学网站

http://cityform.mit.edu/projects/una-rhino-toolbox

当我双击 UNAToolbox.rhi 文件时，为何无法安装?

如果你双击“UNAToolbox.rhi”文件并走完安装步骤，那么后缀名为 .rhi 的安装文件可能由于一些 McNeel 的近期更新而无法在 Windows 系统上被识别为程序，这是犀牛软件的一个已被人所知的瑕疵。但是你依然可以通过以下任何一种方式安装城市网络分析工具软件：一，拖拽 .rhi 文件到犀牛软件的窗口中（这是最简单的解决办法）；二，让 Windows 系统中的 .rhi 文件重新关联到以下路径： C:\Program Files\Rhinoceros 5 (64-bit)\System\x64\rhiexec.exe。

我已经安装了 UNAToolbox.rhi 文件，但是为何城市网络分析工具条没有出现在我的犀牛软件窗口中?

如果你已经成功地安装了“UNAToolbox.rhi”文件，且没有在犀牛软件窗口中看到工具条，那么你需要重启一下犀牛软件，然后在犀牛软件中点击“工具—工具条”，接着确保勾选 UNA 工具条的勾选框。然后单击“确认”按钮，关闭工具栏窗口。

我已经安装了 UNAToolbox.rhi 文件，也重启了犀牛软件，但为何犀牛软件的工具栏窗口中甚至都没有出现 UNA 工具条的勾选框?

确认一下你是否把城市网络分析工具软件安装在了官方版

本的犀牛软件 5（或 5 以上），并且犀牛软件已经完成了最近一次更新。软件更新步骤：打开犀牛软件，点击“帮助一查看更新”。城市网络分析工具箱是无法在盗版的犀牛软件上运行的。

构建网络

我已经用曲线建立了一个网络，并且也已经添加了起点和终点，但是我的网络却反馈出乎意料的结果。

确认一下你的网络是由单独的线段构成的，它们在两条或多条线相交的交点处共享端点。只有当这些线段有共同的端点时，城市网络分析工具中的路线才能从一条线段流动到另一条线段。对于没有共同端点的相交曲线，行程无法从一条曲线衔接到另一条曲线，但是这可以用来模拟高架桥和地下通道，参见 4.3.1 小节，获得更多关于用曲线对象建立网络的细节。

我向网络上添加了点，但一些点被红色叉号所标记。

如果你向网络上添加的点中有一些点被红色叉号标记了，这意味着这些点距其最近的网络片段太远了，以至于无法被添加进来。如果你觉得这距离其实足够近，且点必须要添加进来，那么你可以试着移动点，让它更加靠近网络线段，或者添加靠近点的网络线段。有时候，点被红色叉号标记，也可能表明网络本身存在问题。这可能意味着网络被打碎成非常细小的片段——不仅在实际的路径交叉口被打断了，同时交叉口之间本应为连续的曲线也被打断了。关于如何解决这个问题，参见下一条问答。

当我把点添加到网络时，点并没有与距其最近的线段连接，而是与距其很远的线段连接。

为了让城市网络分析工具软件有效地为每个起点、终点或观测点找出距它们最近的网络线段，计算程序会把所有线段处理成矩形，且矩形的对角线比线段长度长好几倍。这可以让计算程序用 R-Tree 算法找出所有符合条件的线，借此估测距离从而决定距其最近的点。当出现以下几种情况时，这一流程可能会导致不准确的最近线段分配结果。

（1）存在许多短线段，这些线段的搜索范围很小。

（2）存在一条位于远处的更长的线段，该线段的搜索范围很大，点将会与这条更长的线段相连。

（3）点与所有小线段的距离均超过好几条对角线的长度。

对于以上问题，有以下几种解决方式。

（1）把小的网络线段整合成更长的多段线，让线条仅在交叉口位置断开。不管怎样，这通常是一个比较好的可遵循的操作，这样绘制出来的网络会比较干净，并只在线段交叉处与连接的位置显示节点。

（2）你也可以使用命令行里的 *UnaBindEdge* 功能，来决定一个点应该与哪条线段连接。你需要在添加点到网络之前完成这一操作。

（3）你可以移动点，让其更靠近网络，从而让点和网络线段的距离在几条对角线长度的范围内。

由于工具箱的运行并不依赖于绘图单位（人们可以用米、英尺或千米等作为绘图单位），因此我们无法告诉计算程序在给定的半径内（如 25 米）寻找点，而必须让计算程序依赖线段比例寻找点。

我如何确认我的网络在拓扑上是连接的，且如何确认我的网络已经为城市网络分析做好了正确的准备工作，而不用手动地对每个节点进行检查?

网络可以由犀牛软件中的任何曲线要素构成（例如直线、多段线、弧线和样条曲线），且可以形成二维和三维的栅格。准备网络的时候，在曲线相交的地方应该断开或炸开曲线，这是至关重要的——只有当线段共享端点的时候，两条线段之间的网络衔接才能实现。如果你从 US Census Tiger Shapefiles 文件库下载了数据，并把它们从 ArcGIS 文件导成 DWG 文件，那么网络可能已经就构建好了，而无须进一步编辑。在运行分析之前，总是要从视觉上检查一下网络。在城市网络分析工具中 *Graphic Options*（图形选项）里开启 Nodes（节点），这可以让你可视化哪些地方还存在不连续或断头的线段。如果你的网络需要处理，那么下述的犀牛软件曲线编辑流程可以让网络快速地准备好，以备城市网络分析。

（1）使用 Join（合并）工具，让所有曲线线段之间彼此合并。

（2）使用 Intersect（相交）工具，在两条或多条曲线相交的地方产生点。

（3）使用 Split（断开）工具，在上述产生点的地方断开所有曲线。

这一流程会快速产生一个平面网络。在这一平面网络上，曲线是连续的，且只在彼此相交的地方断开。

运行城市网络分析

我已经添加了起点和终点，但是当我试着运行一个城市网络分析工具时，却什么也没有发生。

确认一下你已经使用 *Add Curves*（添加曲线）工具构建了一个网络。参见 4.3.1 小节，获取更多关于构建网络的信息。

当我试着运行了一个城市网络分析工具，但它似乎中途停止了，没有完成分析。

确认一下在犀牛软件场景中没有重复的对象（起点、终点、观测点或网络片段）。犀牛软件中有一个很好用的工具，叫作 Select Duplicate（选择重复）对象，它可以挑选出所有重叠的几何对象并将其删除。

当我运行城市网络分析工具后，本来应该获得分析结果或应该被选中的建筑，却没有获得分析结果或被选中。

如果你的网络没有合理地连接，这一问题通常会发生。例如，起点和终点没有如期获得分析结果，那么起点和终点所在的线段可能没有同周围的网络连接。你可以在图形设置中开启“Notes（节点）”（参见 4.5.1 小节），通过此操作，网络中所有存在“尽端”或“二度”节点的地方都会被标记出来。如果你在本不应该有“尽端”的交叉口位置或线段上观察到了“尽端”，那么你可以放大凑近这些位置，并在犀牛软件中开启点（“Points On”），把实际曲线和端点呈现出来。修复这些网络拓扑问题，然后重新尝试分析。

我试图运行 *Betweenness* 分析，但是它要花费很长时间且过程看起来很慢。

Betweenness 分析的计算量相当大，其执行速度直接取决于你输入的起点和终点的数量、网络的连接度以及你所指定的搜索半径和绕行比例等参数。首先，为了简化分析，你可以调整一些分析参数。如果你使用的是一个相对高的绕行比例（例如 1.2~2.0)，那么试着降低绕行比例至“1.1”或“1”。使用绕行比例为“1”的时候，分析速度是最快的，这时候在起点和终

点之间不需要寻找其他的路线。其次，根据你的分析的性质，你还可以考虑减少搜索半径。这将会限制起点和终点之间的距离，来决定哪些“起点—终点”组合会被纳入分析。需要注意的是：搜索半径的度量单位与你的犀牛软件的绘图单位一致。

如果这些设置并没有解决你的问题，那么可能还要通过减少你所使用的起点和终点的数量来缓解这一问题。例如，使用 *Betweenness* 工具进行分析时，“5”个终点和“1 000”个起点会产生“5 000”次的路线计算，通常这不会带来什么问题（除非你要使用非常高的绕行比例）。但是，“1 000”个终点和“1 000”个起点会产生“1000 000”次的路线计算，该运算率是前者的 200 倍。如果你再增加一个绕行比例，那么这个运算量将会呈指数型增加。在一个相当好的台式电脑上，系统应该可以处理得了“1 000”个终点和“1 000”个起点所带来的运算量。但是你所包括的起点和终点组合越多，分析的速度就越慢。我们曾经在一台相对强大的台式电脑上成功运行了大约“10 000”个起点和“10 000”个终点的情况。

如果你的起点和终点数据包含了数以千计的单体住宅的位置，那么你可以考虑在街道交叉口之间进行分析运算，把交叉口用作起点和终点。这在 2.3 节的剑桥市和萨默维尔市的案例分析中进行过演示。其中涉及为所有网络线段生成端点，这将在下一个问题的答案中进行解释。

我如何才能为所有的网络线段生成端点，从而我能够在所有街道交叉口之间进行 *Betweenness* 分析？

首先，使用犀牛软件中的合并工具合并所有的网络曲线。其次，在犀牛软件的命令行中使用 crvStart 命令并选择你的网络，这一步操作可以在你的网络上生成所有曲线的起始点。接着，在犀牛软件的命令行中使用 crvEnd 命令并选择你的网络，这一步操作可以在你的网络上生成所有曲线的结束点。后两步操作是必需的，它们确保你在除了交叉口外还能在网络的端部获得点。然后，通过使用交叉工具（或者在命令行中输入 Intersect）并选择你的网络，生成所有曲线交叉点。需要注意的是，进行到这一步时，许多曲线的起始点或结束点可能会与交叉点重合。通过使用“选择重复”工具（或在命令行输入 SelDup），选择重复点，然后删除重复点。通过以上步骤，位于曲线的起始点、结束点和交叉点位置的一组点就生成了，在城市网络分析中，你可把这些点用作起点、终点或观测点。

我如何把个别路段的 *Betweenness* 分析结果（不是点）导出到 GIS？

城市网络分析工具的 *Export*（导出）功能只适用于点对象。为了把路段的结果导到 GIS，常见的便捷操作如下：一，使用观测点运行 *Betweenness* 分析，分析前需要有足够多的观测点，保证每条网络线段都有几个；二，导出观测点所含的分析结果到表格，并附带各观测点的 *X* 和 *Y* 坐标；三，将分析结果复制粘贴到 Excel 表格，并存储为一个“CSV”表格；四，添加“CSV”表格到 ArcGIS；五，在 GIS 中，用鼠标右键单击“CSV”所在的图层，然后使用“Add X,Y coordinate data as layer”（将 *X*，*Y* 坐标数据添加为一个图层）工具。通过以上步骤，就可以在 ArcGIS 中重新生成观测点，且这些点还保留与它们各自关联的 *Betweenness* 分析结果。需要注意的是：你在 GIS 中使用的投影系统的单位必须和你在犀牛软件中使用的单位一致。最后，你可以对 GIS 中的观测点和网络线段执行 Spatial Join（空间连接）命令。由于以上导入流程对于一些点会产生小的错位，因此通常比较好的做法是：在 GIS 中用 *X* 和 *Y* 数据重新生成点后，首先围绕这些点添加一个合理的缓冲；然后针对经过缓冲处理的点和网络线段执行 Spatial Join（空间连接）命令，让每一条网络线段和与其相交的观测点分析结果的“平均”值进行关联。一旦 GIS 中的线段拥有了 *Betweenness* 的结果，你就可以使用 GIS 符号化 (Symbology) 选项卡中的工具对这些线段进行可视化。

我如何把城市网络分析结果中的颜色编码保存到点对象，以致当我删除了网络后这些颜色依然还在？

使用“*Bake Weight Color*”（导出权重颜色）工具，该工具在城市网络分析工具栏的最右端。然后你可以把这些上了颜色的点导出为 .DWG 文件，接着将 .DWG 文件置入 Adobe Illustrator 或其他图形软件包中。

我如何把经过颜色编码的分析点导入 Adobe Illustrator？

只有使用 .DWG 文件格式，才能把点转移到 Adobe Illustrator。这是因为 .ai 格式的文件是无法识别点对象的。所以首先把你的点从犀牛软件中导出为 .DWG 格式文件。当你在 Illustrator 中打开 .DWG 文化后，点对象可能无法立即显示，这是因为它们是无限小的。在 Illustrator 中使用“选择全部”的命令，然后看看是否有对象被选中。如果有对象被选中，那么给这些对象指定较大的轮廓厚度，从而能够看见这些点。

我如何把犀牛软件中城市网络分析的结果导入 Excel 或者 GIS？

请参见 4.2 节的内容。

我可以从哪里获取城市的街道网络数据？

如果你在美国工作，则 Census Bureau’s TIGER/Line Shapefiles 网站是一个很不错的资源，地址为：https://www.census.gov/cgi-bin/geo/shapefiles/index.php。

为了获取美国任何一个城市的街道中心线，从网站的下拉菜单中选择“Roads”、年份、所在的州，然后点击下载。

在世界其他地方，一些国家也有街道网络的官方下载资源（如英国的 Ordnance Survey）。

在全球范围，OpenStreetmap (https://www.openstreetmap.org) 是一个极好的资源。一些第三方工具已经被开发出来，用来帮助从 OpenStreetmap 下载你所需要的城市或区域的街道信息。例如：http://geoffboeing.com/2016/11/osmnx-python-street-networks/。

你也可以在犀牛软件中，根据卫星地图、场地平面和建筑平面等，简单地绘制你的二维或三维的网络。

参考文献

[1] BHAT C, HANDY S, KOCKELMAN K, et al. Development of an urban accessibility index: literature review[R]. Austin, TX: The University of Texas at Austin, 2000.

[2] BOARNET M G, JOH K, SIEMBAB W, et al. Retrofitting the suburbs to increase walking: Evidence from a land use-travel study[J]. Urban Studies, 2011, 48(1): 129-59.

[3] CERVERO R, DUNCAN M. Walking, bicycling, and urban landscapes:evidence from the San Francisco Bay area[J]. American Journal of Public Health, 2003(93): 1478-1483.

[4] City Form Lab, Hansen Partnership, The World Bank. Surabaya urban corridor development program, Jakarta, Indonesia.[EB/OL](2015)https://www.dropbox.com/s/nefj1u5z1n26xzp/140714_Surabaya_Urban_Corridor_Development_Program_FINAL.pdf?dl=0.

[5] DIPASQUALE D, WHEATON W C. Urban economics and real estate markets[M].Englewood Cliffs, NJ: Prentice Hall, 1996.

[6] EWING R, CERVERO R. Travel and the built environment[J]. Journal of the American Planning Association, 2010(76): 265-294.

[7] FREEMAN L C. A set of measures of centrality based on betweenness[J]. Sociometry, 1977(40): 35-41.

[8] EPPLI M, SHILLING J. How Critical is a Good Location to a Regional Shopping Center?[J]. Journal of Real Estate Research, 1996, 12(3): 459-469.

[9] GARRISON W L, MARBLE D F. The structure of transportation networks[R]. U. S. A. T. Command, U.S. Army Transportation Command Technical Report, 1962.

[10] GEHL J. Life between buildings : using public space[M]. New York: Van Nostrand Reinhold,1987.

[11] HANSEN W G. How accessibility shapes land use[J]. Journal of the American Planning Association, 1959, 25(2): 73-76.

[12] HENSHER D A. Handbook of transport geography and spatial systems[M]. Amsterdam; Boston: Elsevier, 2004.

[13] HESS P M, MOUDON A V, SNYDER M C, et al. Site design and pedestrian travel[J]. Transportation Research Record, 1999(1674): 9-19.

[14] HILLIER, B. Space is the machine : a configurational theory of architecture[M]. Cambridge ; New York, NY, USA: Cambridge University Press, 1996.

[15] HILLIER B, HANSON J. The Social Logic of Space[M]. Cambridge: Cambridge University Press,1984.

[16] HILLIER B, HANSON J, PEPONIS J. Syntactic Analysis of Settlements[J]. Architecture and Behaviour, 1987, 3(3): 217-231.

[17] HUFF D. A probabilistic analysis of shopping center trade areas[J]. Land Economics, 1963, 39(1): 81-90.

[18] JABER A A, PAPAIOANNOU D. Benchmarking accessibility to services across cities[R]. Paris: OECD, International Transport Forum, 2017.

[19] JIANG B, CLARAMUNT C, BATTY M. Geometric accessibility and geographic information: extending desktop GIS to space syntax[J]. Computers, Environment and Urban Systems, 1999, 23(2):127-146.

[20] KANSKY K J. Structure of transportation networks: relationships between network geometry and regional characteristics [D]. Chicago IL: The University of Chicago,1963.

[21] MTI Economic Review Committee Sub-committee on Domestic Enterprises. Neighborhood working group report[R]. Singapore: MTI Economic Review Committee Sub-committee on Domestic Enterprises, 2002.

[22] MOHSENIN M, SEVTSUK A. The impact of street properties on cognitive maps[J]. Journal of Architecture and Urbanism, 2013, 37(4): 301-309.

[23] OKABE A, SHIODE S. SANET: A toolbox for spatial analysis on a network[J]. Journal of Geographical Analysis, 2001,38(1): 57-66.

[24] OKABE A, SUGIHARA K. Spatial analysis along networks: statistical and computational methods statistics in practice[M]. New Jersey: John Wiley & Sons, 2012.

[25] PORTA S, CRUCITTI P, LATORA V. The network analysis of urban streets: a primal approach[J]. Environment and Planning B, 2005, 35(5): 705-725.

[26] PORTA S, STRANO E, IACOVIELLO V, et al. Street centrality and densities of retail and services in Bologna, Italy.[J]. Environment and Planning B: Planning and Design, 2009, 36: 450-465.

[27] PUSHKAREV B, ZUPAN J. Urban space for pedestrians[M]. Cambridge, MA: MIT Press,1975.

[28] SEVTSUK A. Path and Place: A Study of Urban Geometry and Retail Activity in Cambridge and Somerville[D]. Cambridge: MA. MIT, 2010.

[29] SEVTSUK A. (2012). Analysis and Planning of Urban Networks. In K. A. Zweig (Ed.), Encyclopedia on Social Network Analysis and Mining. Springer.

[30] SEVTSUK A. (2013). Networks of the built environment. In D. Ofenhuber & C. Ratti (Eds.), [de]coding the city - how "big data" can change urbanism. Birkhäser.

[31] SEVTSUK A, MEKONNEN M. Urban network analysis toolbox[J]. International Journal of Geomatics and Spatial Analysis, 2012, 22(2): 287-305.

[32] SEVTSUK A, Mekonnen, M., Kalvo, R., & Amindarbari, R. (2014). Redundant Paths for Urban Network Analysis. Conference paper. ESRI Geodesign Summit.

[33] SEVTSUK A. Location and agglomeration: the distribution of retail and food businesses in Dense urban environments[J]. Journal of Planning Education and Research, 2014, 34(4): 374-393.

[34] SEVTSUK A, KALVO R. Patronage of urban commercial clusters: a networkbased extension of the Huff model for balancing location and size[J]. Environment and Planning B: Urban Analytics and City Science, 2017,45(3): 508-528.

[35] SEVTSUK A. (2018). Estimating pedestrian flows on street networks: revisiting the betweenness index. Paper presented at the American Association of Geographers Annual meeting in New Orleans, April 2018.

[36] SPECK J. Walkable City. How downtown can save America one step at a time[M]. SanFrancise: North Point Press, 2013.

[37] STIBBS R, TABOR P. The evaluation of circulation in buildings: a mathematical model[R]. Cambridge: Cambridge University, 1970.

[38] TABOR P. Networks distances and routes[M]. Cambridge: MIT Press, 1976.

[39] TARGA F, CLIFTON K. The built environment and trip generation for non- motorized travel[J]. Journal of Transportation and Statistics, 2005, 8 (3): 55-70.

[40] VRAGOVIC I, LOUIS E, DIAZ-GUILERA A. Efficiency of information transfer in regular and complex networks[J]. Physics Review E, 2005, 71(3): 036-122.

[41] XIE F, LEVINSON D.Measuring the structure of road networks[J]. Geographical Analysis, 2007, 39(3): 336-356.

图书在版编目（C I P）数据

城市网络分析：城市中步行和骑行交通模拟工具 /（美）安德烈斯·塞文随克 (Andres Sevtsuk) 著；陈永辉译．— 天津：天津大学出版社，2019.3（2021年7月重印）
ISBN 978-7-5618-6356-5

Ⅰ．①城… Ⅱ．①安… ②陈… Ⅲ．①城市空间－网络分析－软件工具 Ⅳ．①TU984.11-39

中国版本图书馆 CIP 数据核字 (2019) 第 048826 号

CHENGSHI WANGLUO FENXI: CHENGSHI ZHONG BUXING HE QIXING JIAOTONG MONI GONGJU

本书校核：陈天

联合策划：天津大学建筑学院城乡规划系

出版发行 天津大学出版社

地　　址 天津市卫津路 92 号天津大学内（邮编：300072）

电　　话 发行部 022-27403647

网　　址 publish.tju.edu.cn

印　　刷 廊坊市瑞德印刷有限公司

经　　销 全国各地新华书店

开　　本 160mm × 240mm

印　　张 8.75

字　　数 136 千

版　　次 2019 年 3 月第 1 版

印　　次 2021 年 7 月第 2 次

定　　价 88.00 元

联系方式
asevtsuk@gsd.harvard.edu

致谢
我们感谢哈佛大学设计学院院长办公室对于这一出版物的支持。

安德烈斯·塞文随克（Andres Sevtsuk），城市形态实验室（City Form Lab）主管，哈佛大学设计学院城市规划副教授

劳尔·卡沃（Raul Kalvo），城市形态实验室（City Form Lab）研究员
基于犀牛软件平台的城市网络分析软件开发

凯文·重（Kevin Chong），城市形态实验室（City Form Lab）研究员
分析与制图

丁豪（Hao Ding），城市形态实验室（City Form Lab）研究员
案例分析和写作

Stuudio Stuudio 工作室
平面设计和排版

享阅时光文化工作室
排版校改